阅读成就思想……

Read to Achieve

# The Gaslighting
# Recovery Workbook

Healing From
Emotional Abuse

# 煤气灯效应

## 摆脱精神控制

疗愈版

［美］艾米·马洛-麦考伊 ◎ 著　　刘　元 ◎ 译
（Amy Marlow-MaCoy）

中国人民大学出版社
· 北京 ·

**图书在版编目（ＣＩＰ）数据**

煤气灯效应：摆脱精神控制：疗愈版／（美）艾米·马洛-麦考伊（Amy Marlow-MaCoy）著；刘元译. -- 北京：中国人民大学出版社，2024.3
ISBN 978-7-300-32594-1

Ⅰ. ①煤… Ⅱ. ①艾… ②刘… Ⅲ. ①心理学—通俗读物 Ⅳ. ①B84-49

中国国家版本馆CIP数据核字(2024)第024530号

**煤气灯效应：摆脱精神控制（疗愈版）**

[美]艾米·马洛 - 麦考伊（Amy Marlow-MaCoy）　著

刘　元　译

MEIQIDENG XIAOYING：BAITUO JINGSHEN KONGZHI　（LIAOYU BAN）

| | | |
|---|---|---|
| **出版发行** | 中国人民大学出版社 | |
| **社　　址** | 北京中关村大街 31 号 | **邮政编码**　100080 |
| **电　　话** | 010-62511242（总编室） | 010-62511770（质管部） |
| | 010-82501766（邮购部） | 010-62514148（门市部） |
| | 010-62515195（发行公司） | 010-62515275（盗版举报） |
| **网　　址** | http：//www.crup.com.cn | |
| **经　　销** | 新华书店 | |
| **印　　刷** | 天津中印联印务有限公司 | |
| **开　　本** | 890 mm×1240 mm　1/32 | **版　次**　2024 年 3 月第 1 版 |
| **印　　张** | 7　插页 1 | **印　次**　2024 年 12 月第 5 次印刷 |
| **字　　数** | 150 000 | **定　价**　59.80 元 |

谨以此书献给我的那些令人惊喜的、坚韧而勇敢的来访者们。

是你们每天都在用勇气以及对于治愈的投入与奉献激励着我。

# 推荐序

- 要不是因为你，我早就离婚了！
- 你这么差，除了我以外，不会有任何人喜欢你！
- 要是没有我，你什么都不是！

这样的表达方式你听着熟悉吗？你有没有因为听了这些而产生自我怀疑，甚至是无法更好地表达自己？

你可能会说"这就是我本人了"，还可能会立刻反应过来并说"你这是在 PUA 我"。

我第一次听"PUA"这个词，还是一个有恋爱苦恼的男性跟我说的。当时，他说："我连 PUA 都学习了，怎么依然没有交到女朋友……"我并不知道这个词是什么意思，连忙问道："PUA 是什么啊？"他沉默了，没有回答我。我疑惑地想："这是一种恋爱技巧吗？感觉好像不太像，因为如果是恋爱技巧，他为什么像是有一些羞耻感并回避我呢？"

没过多久，我就把这个词忘掉了。再一次听到这个词，是和几个心理咨询师朋友聊天时提起的，我一下子识别出来这个词，并在深入地了解后感到火冒三丈：竟然有人教这样的课程？！还有那么多人在学？！

与 PUA 相似但是更具杀伤力的，就是煤气灯效应，也是《煤气灯效应：摆脱精神控制（疗愈版）》一书的主题。

煤气灯效应系统地解释了一类情感虐待、精神控制等现象。在临床咨询工作中，我越来越清晰地看到很多的受害者在痛苦和纠结中挣扎："我是糟糕的吗？我是不好的吗？我可以离开吗？如果是我的错，我离开了岂不是很对不起对方？"

"PUA"这个词进入大众视野之后，有了很多新的叫法——"CPU""KTV"等。网络语言的发展总是带着一些巧合和不可思议，也让更多人对此有所了解，并带来了一些改变。但与此同时，使用得越广泛，就越容易传播，也越容易曲解和泛滥。还有人把劝解、批评、告诫甚至是关心带来的不舒服感都定义为"你在 PUA 我"，反而在真的陷入煤气灯效应中时无法觉察和自救。

我曾经在科普视频中说过：如果领导对你说"你这件事情做得很糟糕，你需要怎么样做"，那么他是在针对这件事情表达自己的观点并提出了合理和建设性的意见，尽管这可能会让你产生不舒适感，但这不是 PUA；如果领导因为你做错了事情而指责你的人品、否定你现在所做的一切，并表达对你未来的担心，这些做法让你既自我怀疑又担心未来，那么这就可能是 PUA。

在一段关系（亲密关系、家庭关系、职场关系等）中，如果你和一个人在一起，常常感觉自己是值得的、被喜欢的、充满勇气的，那么这意味着你可能是处于一段好的关系中；相反，如果你常常怀疑自己，担心触怒对方，想要离开又害怕离开，那么你可能需要考虑这段关系是不是健康的。

如何识别这些关系是不是健康的？如何帮助自己找到合理的应对策略？如何从创伤中康复？

很多心理咨询师和我一样，通过咨询、讲座、视频等方式为人们提供帮助和科普，教大家如何反PUA、如何设立边界、如何自我关怀，以及如何识别被精神控制等。像艾米·马洛－麦考伊这样，通过一本书来系统而全面地对煤气灯效应进行讲解，实属难能可贵。

这本《煤气灯效应：摆脱精神控制（疗愈版）》给我们展示了很多关于细节的描述，不仅帮助我们通过对方的状态、自身的体验等方面来确定我们是否处于一段存在着情感虐待的关系中，还提供了大量的写作练习帮助我们康复。深陷自我怀疑困境、人际困境的朋友，不妨读一读。

李还胜

心理咨询与辅导学博士

中国心理学会注册心理督导师

国际情绪聚焦疗法 ISEFT 认证咨询师

# 序

　　我永远都不会忘记帕蒂①第一次走进我的工作室接受心理治疗时说的话，她说："我想把我的父亲从我的生活中抹去。自我记事时起，他就一直在情感上虐待我，我不知道该怎么办，你能帮助我吗？"当时，她已经接近崩溃的边缘了。她是一个焦虑的反生育主义者，不停地抱怨感觉自己永远都不够好。虽然她是一个聪明而有洞察力的人，且事业有成，但她仍然觉得自己是一个劣质品。尽管她的直觉通常很准确，但她却发现自己很难相信自己的直觉。当我们一起探寻她的焦虑和自信缺乏的原因时，有一件事情慢慢变得清晰起来——在她有生以来的绝大部分时间中，她都受到了一种名为"煤气灯效应"的现象的影响。

　　我叫艾米·马洛-麦考伊，是一名有职业执照的专业咨询师。我支持我的来访者们认识、康复，并重新恢复活力。他们中的很多人来自父母一方或双方都有自恋型人格障碍或边缘型人格障碍的家庭。他们中的不少人在受到启发后，开始反思他们扭曲的观念以及他们因受到虐待而产生的自责。在治疗中，我与他们一起努力探寻煤气灯效应谎言背后的真相。

---

① 为了保护来访者的隐私，本书中提到的来访者均用化名。

煤气灯效应是一种情感虐待策略，会让接受者怀疑自己对于事实的感知。在帕蒂的案例中，她的父亲通过不断质疑她的判断、贬低或否定她的成就、指责她的情绪反应，最终击碎了她的自信。她的父亲还告诉她，他之所以这样做是因为想帮助帕蒂成为一个更坚强的人。最终，帕蒂不再相信自己的直觉，相比于自己，她更相信父亲的看法。她来找我也是因为尽管她非常想摆脱父亲的虐待，但她却无法自己做出决定。

煤气灯效应作为一种强有力的控制他人的手段，可以在一个大的社会背景下用于镇压或羞辱某个社会团体。许多领导者和政客善用煤气灯效应来粉饰自己，用歪曲的言辞煽动某个团体或自己的追随者。因为这样使他们看起来极其富有个人魅力和号召力，让他们可以施展强大的影响力。在有了足够多的追随者之后，他们就会发展出一种暴徒心态——这种心态可以令他们恣意压制任何试图越界的人。

对于某类患有特定人格障碍［比如，自恋型人格障碍、边缘型人格障碍和反社会型人格障碍（也被称为社会病态）］的个体来说，他们更倾向于运用煤气灯效应操纵他人。当然，这种手段并不仅限使用于反社会者和自恋者的群体范畴内。出于各种各样的原因，没有人格障碍的人也可能会参与到煤气灯效应之中。一开始，你可能很难将其视为虐待，而要将你在亲密关系中经历的困难行为模式展现出来则更难。我们都希望那些与我们最亲密的人能够关心我们的幸福，而一个有经验的煤气灯效应施虐者会让你相信，他之所以伤害你是因为他这么做都是为了你好。在你通过各种各样的环境和关系对煤气灯效应更加了解之后，你可能会感到不知所措，甚至绝望。遭遇情感虐待的幸存者往往会在自我怀疑、信心丧失、焦虑以及抑郁（不仅仅局限于此）中苦苦挣扎。幸运的是，一切都还有希望。

你可以学会识别煤气灯效应的迹象，也可以从伤害中恢复过来。如果你在阅读了接下来的几页后认识了自己，那么请告诉自己，你也是有可能恢复的。在阅读的过程中，你将加深自己对于这种悄无声息的情感虐待①模式的理解，习得一些关于如何保护自己免于再次成为受害者的实用性技能，并开始治愈那些过去的创伤。我的来访者们的勇气和顽强的精神也一直激励着我专注于支持那些受到煤气灯效应影响、自恋性虐待和情感操纵的幸存者们。我将永远对他们心怀感激，因为他们帮助我发掘了我对于工作的热情。现在，轮到你来共飨这一治愈的恩泽了。

## 如何使用这本书

本书分为三个部分，旨在将煤气灯效应这种情感虐待手段展现在大众面前。第一部分探讨的是如何识别煤气灯效应的迹象，了解那些在人际关系中使用这种策略的人的目的，并发现煤气灯效应可能会以不同形式出现在不同的关系和环境中。这个部分会包含一些练习，可以帮助你识别自己经历的煤气灯效应并发展出自我同情，从而开始你的治愈之旅。第二部分和第三部分将通过一些精心设计的实用练习和写作练习引导你实现建立自尊、增强自信、建立边界和更健康的关系的目标。本书将致力于帮助你建立一个关于如何发现煤气灯效应、其影响是如何产生以及如何从中康复的坚实的理论基石。

---

① 情感虐待（emotional abuse），也可译作"情绪虐待"。——译者注

虽然你可能会非常想直接跳到练习部分，但我还是强烈建议你从头开始，并按顺序完成每个部分，因为本书的各章都是环环相扣的。你可能会发现一些练习让你不舒服，还有一些则会令你想反复练习很多次。**请一定要坚持下去！**有时坚持到底是唯一的出路，而治愈是一种需要通过努力来完成的工作。要有耐心地友善地对待自己。

如果你在过程中感到自己被完全击垮、受到了心灵上的创伤，抑或在治愈的过程中陷入绝望，那么你可以考虑寻求一些额外的帮助。从情感虐待中康复是一项艰巨的任务，技术熟练且富有同情心的心理治疗师可以为你提供很多非常棒的支持。

## 选择合适的心理治疗师

现在，你已经决定寻求一位心理治疗师来帮助你了是吗？恭喜你！可是你应该从哪里开始呢？你可以将心理治疗师的专业执照、教育背景、治疗形式、专业擅长方向、费用等因素都纳入考虑范围。我建议你寻找一位有专业执照的心理治疗师、专业的顾问、心理学家，或专门从事从情感虐待或有害关系中恢复的临床社会工作者。

互联网是一个实用的工具，可以协助你找到那个最适合帮助你的人。线上有海量的依据地理位置和专业领域划分的注册医师的名单。如果你想获得个人推荐，那么你可以咨询朋友、家人或你的主要护理医生。关键在于找到一个从你个人的角度来说最适合你的心理治疗师。许多临床医师在第一次会晤之前都会进行一个简短的免费电话问询。不要害怕向可能会成为你的心理治疗师的人询问一些关于他们帮助来访者从煤气灯效应和有害关系中康复的经验。请记住，挑剔一点是完全没有问题的。你值得找到最适合的那个人来支持你走过这段旅程。

# 目 录

第一部分

# 煤气灯效应的影响

　　**关系中的煤气灯效应会让你的生活产生一系列的连锁反应。**由煤气灯效应引发的迷失、猜疑和困惑不仅会在一段虐待关系中对你产生影响，还会在朋友、家人、爱人、同事关系中产生影响，而且更重要的是，还会影响你与自己的关系。

　　煤气灯效应会将你与你自己在生活中的锚定点（即你对于自我的感觉和信任自我的能力）分开。失去你与现实自我感觉的联结会让你更容易受到进一步的伤害，并会增强你对煤气灯效应施虐者以及对被他扭曲过的现实的依赖。我们的旅程将从帮助你识别和理解煤气灯效应对你生活的影响开始。

# 第 1 章

# 什么是煤气灯效应

煤气灯效应是一种心理和情感的虐待形式，会导致受害者质疑自己的实际情况、判断、自我认知，以及在极端情况下质疑自己的神志状态。煤气灯效应施虐者会通过扭曲事实来操纵、迷惑并控制受害者。

"煤气灯效应"这个词源于帕特里克·汉密尔顿（Patrick Hamilton）1938 年改编的剧本《煤气灯》（*Gas Light*），该剧本于 1944 年被改编成电影①。这是一个描述了一个男人如何通过操纵和欺骗妻子，最后让妻子相信自己快疯了的故事。男主角使用的策略之一就是把家里的煤气灯都调暗，并让它们变得忽明忽暗。当妻子问起男主角家里的灯是怎么回事的时候，他暗示妻子并让她相信这些都是她自己想象出来的。2001 年的电影《天使爱美丽》（*Amélie*）中也描述了一个对他人（在这个例子中是一名讨人厌的杂货店店主）使用煤气灯效应的人。这个人就是电影的主角爱美丽，爱美丽偷偷

---

① 电影名常被译为《煤气灯下》。——译者注

潜入了店主的家中，移动了四周某些物品的摆放顺序，并对他的手机做了手脚，让他在以为自己在给母亲打电话的时候，其实是把电话打到了精神病院。结果导致店主既困惑又害怕，以为自己疯了。

煤气灯效应在现代语境中也有更广泛的定义。我们现在用它来描述一种操纵受害者使之怀疑他们的现实、记忆或感知的手段。不需要通过改变物理环境，受害者就会被质疑、蔑视或否定他们对于自己经历的阐述，直到他们失去自信心。

## 煤气灯效应下的社会

我们生活在一个既持续不断几乎会即时进行事实核查，又"假新闻"频发的时代。有些故事确实是捏造的，事实并非如此。当领导和公众人物对那些容易证实的事实谎称是虚假的时候，他们就在大规模地进行煤气灯效应行为。即使有照片、音频或视频作为证据，煤气灯效应施虐者也经常会宣称他们的话是被断章取义、被误解的，或是被故意曲解的。这种做法在各种层面上来说都是危险的，社会层面上的煤气灯效应会改变关于是非对错——关于什么是道德的、什么是不道德的——这方面的常识。权威人物的煤气灯效应可以通过削弱挑战者的信誉、智慧、能动性、推理能力来实现。

"煤气灯效应"不是一个新词，但在过去的几年里却被重新提出。从社会层面来说，我们开始越来越多地在个人、职业及政治领域使用煤气灯效应。那些在某些场合经历过煤气灯效应的人可能更容易在另外一些场合识别出这种情感虐待的有害形式的迹象。**好消息是，我们越能识别出这种煤气灯效应的迹象，就越能将它的潜在危害限制在一定范围内。**

## 社交媒体与广告效应

社交媒体为煤气灯效应提供了一种潜在的场合，从某种程度上来说，这是前几代人从未面对过的。近几十年来，无处不在的虚拟社区和线上网络广受欢迎。随着即时通信、聊天室、个人网站（比如 MySpace、Live Journal，当然还有 Facebook）的出现，煤气灯效应所涉及的领域之广简直令人震惊。20 年前，社交传媒者并不是一种职业，而今，一个人却可以基于"爱好"建立一个"帝国"。

广告可以成为煤气灯效应一个更为隐秘的渠道。特别是当广告的目的在于说服接受者改变一些他们自己都不知道的缺点的时候。展开一种线上的并非基于事实的想象相对而言是很容易的，就如同用 Photoshop 改变图像一样简单。即使有非常清晰又显而易见的反面证据，也总有人会否认他们对图片进行过剪辑。因此在社交媒体和广告这类事件中，相信你自己所看到的东西往往是具有欺骗性的。但当你仔细观察时，你会发现那些失真的方面是通过排除相关事实和细节创造出来的。洞察力是至关重要的。

# 煤气灯效应的迹象

煤气灯效应可以发生在许多不同的环境和不同的关系类型中。虽然操纵和控制的主旨基本上都差不多，但具体的迹象和征兆可能会因为不同类型的关系而有所不同。在本书中，我们探索了煤气灯效应在三种不同关系中的表现方式：职场关系、浪漫关系、朋友／家人关系。

## 职场关系

煤气灯效应可能会发生在雇员和老板或雇员和客户之间，当然，也可能发生在同事之间。虽然煤气灯效应最常见的是从老板向下作用于雇员，但其实也可能会发生在任何一种职场关系中。在工作场所中，你可能会发现以下五种常见的煤气灯效应的迹象。

### 你成了毫无根据的流言蜚语的对象

运用煤气灯效应的老板或同事可能会试图通过流言蜚语来玷污你的声誉，也许是为了更容易把错误归咎于你。这些谣言和谎言可能与你的工作表现毫无关系，而且是毫无逻辑的，但这些却会成为你不可靠或不可信的证据。流言蜚语往往是难以抵抗的，因为你自己很少直接听到这些道听途说的内容。

### 你会一直名誉扫地

煤气灯效应施虐者的最终目标是剥夺你在自己和他人心中的信誉。煤气灯效应施虐者可能会通过争论或削弱你的指令来使你名誉扫地，可能会质疑你的判断或撤销你对雇员的指令，甚至可能不需要说话就能让你在办公室被贬低得一文不值。与任何一种口头评论相比，一个眼神示意或一个意味深长的凝视都会成为一种表示你无能的暗示。

### 你应该能读懂煤气灯效应施虐者的心思

当你被期望知道某个人真正想要什么，而不是听他说他想要什么的时候，在工作场所也会发生煤气灯效应。假设你按照要求提交了一个项目，而你的客户却向你抱怨说你没有添加他想要的细节（但其实是他事先没有和你沟通过这些细节）。客户因为你没有读懂他的心思而对你大加指责，这让他可以在别人面前把你描绘成懒惰、愚蠢或缺乏灵感的人。

### 你受到区别性对待

区别性对待可能是职场煤气灯效应中最容易让人勃然大怒的一种情况了。煤气灯效应施虐者可能会设定规则，或对你严格要求，提出一些连他自己都不能确认的期望；可能你并不被允许在会议期间表现出情绪，但你的同事却能大发脾气。如果你也有类似的反应就会被记过或被开除，而你的同事则会因为"热情"而被原谅。

### 你总是替罪羊

当工作场所发生冲突时，煤气灯效应可能会被用在雇员、老板或者客户之中，以此来作为问题的唯一来源。上级可能会声称下级员工不服从管理，却不承认自己在暗中扮演了破坏者或欺骗员工的角色。工人还可以通过声称自己受到了不公平的惩罚，而不承认自己一再迟到、无故缺席或未能完成工作项目，从而激怒他的上级或同事。

 **写作练习**

你在职场关系中是否觉察到了煤气灯效应的迹象？如果有，你觉察到了哪些迹象？它们是如何在你的工作中对你产生影响的？

_____

_____

_____

_____

_____

_____

_____

_____

## 浪漫关系

你很可能对"毒性关系"（toxic relationship）这个词有所了解。决定一段关系究竟是健康的还是有害的，其中的一个关键因素就是这段关系中是否存在情感虐待和操纵。在有害的浪漫关系中，煤气灯效应是施虐者用来控制其恋人的一种有效方式。让我们来看看在浪漫关系中，煤气灯效应的一些常见迹象。

### 你被公然地欺骗了

直言不讳地撒谎并简单地否认恋人的经历是煤气灯效应的形式之一。这可能包括：在证据确凿的情况下否认某个行为、歪曲事实、让受害者在局外人眼中显得很差劲。施虐者还可能会通过编造一个悲伤的故事来博取同情，从而转移恋人的愤怒、痛苦或怀疑。

### 你的恋人不忠

煤气灯效应可能会表现为不忠。在这种情况下，施虐者可能会加倍地指责，让你来为他的行为负责。此外，一位不忠的恋人可能会试图把你描绘成因受到了他不忠行为的伤害而表现出不合理的嫉妒和愤怒。为了给自己不忠的行为辩护，一位善用煤气灯效应的恋人会让你觉得，无论你在这段关系中付出多少都是不够的。

### 你被迫与世隔绝

当一些其他的手段都不奏效时，煤气灯效应施虐者可能会诉诸公开的欺凌来维持自身的权力。他可能会对你、你的宠物或你的孩子进行暗地里或公开的恐吓；他可能会威胁你让你对你的老板说谎，或者用可笑的或虚假的指控来制止你，除非你按照他的意愿行事；欺凌还可以发生在线上，即施虐者给你发送骚扰电子邮件和打骚扰电话，或跟踪你。

### 你会被指控为有恶意的

在浪漫关系中另一种让受害者措手不及的方法，就是将恶意归咎于无辜的、无害的事情上。你可能认为你们双方都在无伤大雅地戏弄对方，但煤气灯效应施虐者会突然针对你，指责你残忍或卑鄙。他可能会声称是你故意激怒了他，或指责你利用自己的恐惧或惊讶的反应来操纵他。

 **写作练习**

你在浪漫关系中是否经历过煤气灯效应？如果有，你注意到了哪些迹象？这些迹象又是如何对你们的关系产生影响的？

_____

_____

_____

_____

_____

_____

## 朋友 / 家人关系

朋友和家人可以成为我们生活的基石，但也可能会成为凿开我们立足之地的凿岩锤。我们都对亲密的人际关系本该是什么样的抱有某种特定的期望，对所爱的人忠诚既是一种根深蒂固的本能，又是一种重要的社会价值观。我们希望与自己最亲近的人能够关心我们的幸福感，并用爱和尊重对待我们。煤气灯效应施虐者可能会利用你的这些期望来对付你。他可能会迫使你超出自己的判断、感知和需求来要求你忠诚，他也可能会暗示你期待最亲近的人对你的爱和尊重是一件愚蠢的事情。让我们来看看在朋友和家人关系中，煤气灯效应的一些常见迹象。

### 你会感到内疚

内疚感是朋友和家人通过向你施压，让你符合他期望的一种十拿九稳的方式。即使你没有做错任何事，你的朋友 / 家人也可能会让你觉得自己做错了。如果你感到内疚，你就更有可能屈从于施虐者的意愿，以此来安抚他或以此来弥补你那些所谓的"错事"。

### 你被视为反应过度

与煤气灯效应施虐者有问题的行为对峙会触发其防御机制。他通常会通过为自己的行为辩护来避免为自己的行为承担责任，而这就意味着你反应过度了，甚至是在攻击他。把对抗视为一种攻击，可以让他将自己的反应合理化，并为自己辩护。

### 你会觉得你的（合理的）要求既繁重又不公平

把一个合理的要求视为某种既繁重又不公平的事情，意味着你是难以满足的、不懂感激的。在这些情况下，煤气灯效应施虐者通常会通过扮演一个长期受苦难折磨的角色，从而抑制你为自己的需求辩护的意图。他还会通过让你知道你的请求意味着他需要付出多少，来让你为自己的请求感到羞愧。

### 你被指责和羞辱

指责和羞辱是一种将自己行为的全部责任都推卸给另一个人的行为。这种情况在家庭暴力案件中尤为常见。在这些案件中，施虐者往往会指责说是受害者挑起他做出暴力行为。煤气灯效应施虐者会宣告他不会对自己的任何行为负责，并说服受害者他本就应该受到虐待。

### 你会遭到报复

煤气灯效应可以用来作为一种对于体现独立性和自主性的正常行为的报复。举个例子，一个年轻人决定和朋友而不是和家人一起庆祝生日，煤气灯效应的父母可能会对这种发展中正常的需求采取一种"不留余地"的反应——拒绝这个年轻人参与一切家庭活动。被一切家庭事件和活动拒之门外是极具毁灭性的，尤其当你的意图并不是结束一段关系而仅仅只是要求一点喘息空间的时候。

**写作练习**

你是否经历过朋友 / 家人带给你的煤气灯效应？如果是，这种经历对你的关系和自我认知有什么影响？

_____

_____

_____

_____

_____

## 煤气灯效应的影响

煤气灯效应会对受害者生活的许多方面产生持久性的影响。阅读下面的描述，并在符合你的情况的描述前面画"√"。

### □缺乏自信 / 自尊

由于煤气灯效应的工作原理是通过让受害者质疑自己的感知、思维过程和结论来达到目的，因此受害者往往会缺乏自信 / 自尊。受害者会觉得如果质疑或不同意煤气灯效应施虐者的观点，就是他自己的错。

### □不快乐 / 失去快乐

不断地被纠正、否定或被抛弃会让自我表达的快乐耗尽。当使用煤气灯效应去控制或操纵他人时，受害者可能会感到窒息和被约束。他可能会得出这样的结论：无论他做什么都做不好，而且永远达不到别人的期望。这种思维方式会带来悲伤感，同时还会令其丧失分享自己见解和经历的兴奋感。

### □不必要的道歉

在没有做错任何事的情况下，煤气灯效应受害者都有道歉的倾向。一些施虐者会将自己的感受或行为的责任推给受害者；当受害者接受这种指责时，他会对自己无法控制的事情承受过度的责任。他可能会为自己的观点、小错误或无法参与社会性的安排与活动进行不必要的道歉。

### □优柔寡断

受害者往往难以做出决定，而且可能会不断地确认自己的选择。对于许多人来说，"你确定这真的是你想要的吗"听起来可能是一个无伤大雅的问题，但可能会把受害者吓傻。处于煤气灯效应最末端的接收者可能经常会被羞辱，或被讥讽说他是没有办法接受或拥有他自己的愿望的。他可能会为只是一个简单的决定而苦恼，担心会因为自己选择错误而惹恼别人。

### □困惑

煤气灯效应谎言的威力在于，让受害者对自己的信念和感受感到困惑。煤气灯效应施虐者通过质疑受害者的人格、学识、感受和／或感官体验，而把自己的内在感受投射在受害者身上。在了解自己的想法和感受但又得被迫接受别人的想法和感受时，就会很容易让人陷入混乱。煤气灯效应施虐者制造或利用这种混乱会让受害者失衡，变得对自己不确信。

### □充满自我怀疑

反复发生的煤气灯效应会导致受害者怀疑自己的感官输入、感受和判断，从而往往会感到自己很愚昧、无知，并因此误入歧途，甚至还可能会怀疑自己的意图。这种自我怀疑会使受害者丧失挑战施虐者的信心，从而使其屈从于施虐者的控制之下。

**□焦虑**

频繁地体验煤气灯效应的受害者可能会经历一种持续性、低水平且无特定原因的焦虑，还可能需要一而再再而三地检查自己的工作或要求别人也这么做，甚至会当煤气灯效应在某个时刻并没有发生时依然感到焦虑。此外，受害者通常还会经历一种预期中的焦虑，对未来会发生的事情忧心忡忡也是一种常见现象。

**□否认发生在他人身上的煤气灯效应的行为**

煤气灯效应之所以如此有效，原因之一就是施虐者会让受害者相信他们的行为是出于爱或者一个真诚的想提供帮助的愿望。这种策略会引发受害者的一种感激之情和责任感，这让受害者觉得自己无法将消极意图归咎于施虐者。受害者可能会拒不接受任何关于施虐者在虐待他们的证据，他们确信"煤气灯效应的谎言"就是他们"只是想帮忙而已"。

**□抑郁**

有时，上述的这些所有不快乐和快乐的丧失感都会更深刻，尤其是有着长时间且针对个人化的经历的时候。受害者可能会变得绝望和沮丧，从根本上相信现在的情况已是最好的结果了，从而不再期待事情会有所改善。

**□极度紧张**

在极其恶劣的情感虐待的情况下，煤气灯效应可能会给受害者带来极大的压力。在电影《煤气灯下》中，妻子对于丈夫的坚持感到极度痛苦，并慢慢失去了理智。压力可能会使人失去正常生活

（或工作）的能力，让受害者变得脆弱从而被进一步虐待，只能依赖施虐者来告诉他什么是真实的，这又会使他进一步进入被虐待的恶性循环。

 写作练习

哪种影响最能引起你的共鸣？这种影响是如何在你的生活中的被展现出来的？

_____

_____

_____

_____

_____

_____

_____

_____

_____

第 2 章

# 煤气灯效应施虐者

在这一章中，我们会介绍一些经常使用煤气灯效应的人。这种形式的情感虐待通常与自恋人格、精神障碍、边缘人格障碍和反社会型人格障碍等精神疾病有关。《精神疾病诊断与统计手册（第 5 版 )》（*DSM-5*）中将人格障碍定义为"明显偏离了个体文化背景预期的内心体验和行为的持久模式"。有问题的特质和行为是持久的、功能失调的。这会导致这些人既自己遭受痛苦，又给他人带去痛苦，扰乱他人的生活和人际关系。

有的人可能会表现出一些并不符合精神疾病诊断标准的特征。对于那些不能确诊的人来说，一个有用的概括术语就是"神经病"。几乎所有的神经病都可以用一种最佳的方式来迷惑、操纵以及欺凌他人，但是这些人还远远达不到真正的精神疾病的程度。任何人都可能实施虐待，但不是每个虐待别人的人都有人格障碍。

# 施虐者类型

煤气灯效应可能会是几种人格障碍患者共有的症状。美国国家心理卫生研究所称，大约 9% 的成年人符合人格障碍的诊断标准。虽然煤气灯效应并不是人格障碍的明确迹象，且很多煤气灯效应施虐者没有进行过精神疾病诊断，但人格障碍的患者（无论是否确诊）很有可能在许多人际关系中使用煤气灯效应。在此，我们将重点把煤气灯效应作为一种特定的、更为常见的人格障碍来介绍。

## 自恋型人格障碍

人格障碍是在人际关系和环境中持续存在的，且会在这些关系中造成痛苦和悲伤的一系列人格特征。具有自恋型人格障碍的个体通常会表现出一种浮夸的态度、持续不断地对赞美有过度的需要、缺乏共情能力和洞察力。抱有一种他是独特的、应该被特别对待的、可以强迫和操纵他人行为的信念，还有一种以自以为是的方式欺凌他人的倾向。

患有这种人格障碍的人会通过操纵和利用周围的人来谋取自己的利益。自恋者可能会使用煤气灯效应来将他人置于被剥夺权利的位置上，以此来维持他们的自我优越感。许多政治人物和首席执行官都有很高的自恋性特征。这些权威人士可能会使用煤气灯效应来羞辱他们的仰慕者或压制他们的反对者，以牺牲公众利益为代价来追求他们的个人目标。

## 边缘型人格障碍

边缘型人格障碍的特征是情绪反应性增强、极度恐惧被拒绝、人际关系不稳定，其核心是一种空虚感。这种不稳定还包含一种倾向，即在对所爱之人的极端理想化和极端贬低之间变换，把所爱之人拉近或推远。患有边缘型人格障碍的个体会做出疯狂的努力（包括以伤害自己来威胁试图离开的伴侣），以避免真正的或想象出来的被遗弃。他们可能会利用煤气灯效应来使他人感到对于自己的幸福负有责任。在这种情况下，煤气灯效应与其说是用来有意控制另一个人的企图，不如说是用来满足边缘型群体自身安全感需求的手段。

### 其他社会病态障碍

那些有反社会型人格障碍和变态心理的个体也可能是煤气灯效应的罪魁祸首。反社会型人格障碍也被称为"反社会人格"，其特征是无视或侵犯他人权利。有反社会型人格障碍的个体不遵守社会规范，他们很可能会通过欺骗或说谎的方式来使用煤气灯效应。他们有可能会将有害行为指向陌生人，而不是所爱之人。

虽然反社会型人格障碍和变态心理有时候可以互换使用，但两者在强度和针对性上仍然有所不同。有反社会型人格障碍的个体不太可能故意把最亲近的人作为攻击目标，而有变态心理的个体对于家人、朋友或陌生人都有可能做出伤害性的行为。与有反社会型人格障碍的个体一样，有变态心理的个体同样不关心自己行为的后果，且缺乏共情或懊悔。他们可能是真的很享受伤害其他人的感觉。

## 施虐者使用煤气灯效应的目的

施虐者通过使用煤气灯效应贯穿一切环境和各种关系来控制受害者，他们通常有以下五个病态的目的。

## 让受害者丧失辨别力

煤气灯效应会让受害者产生怀疑和困惑。因为受害者会质疑自己的判断和感知，他可能会发现如果从施虐者的角度来代入自己的视角，区分是非对错、健康与否就会变得非常困难。煤气灯效应让受害者觉得不能相信自己对于形势真相的识别力。受害者会越来越依赖施虐者来进行"现实核查"，这只会让他的困惑持续化。

## 让受害者保持沉默

虐待在沉默和秘密中滋生。煤气灯效应可以成为一种有效的工具，通过让他人怀疑自己的可信度来使其保持沉默。施虐者会通过撒谎和诋毁来削弱受害者为自己发声的影响范围。他可能会让受害者相信没有人会相信他，因为他（受害者）是如此不可靠的人。

## 建立对受害者的权力感

施虐者操纵受害者放弃受害者自己的实际想法，迫使其接受施虐者的看法。施虐者通过使用"替代事实"将受害者的感知替换为自己的感知。施虐者并不重视受害者的观点，而更在乎的是感觉自己是强大的、受人钦佩的、充满掌控感的。施虐者之所以对受害者施暴，是因为他认为自己有权改变他人的实际情况，而不是质疑自己的实际情况。

## 贬低和惩罚受害者

施虐者可以通过将受害者的情绪反应描绘成幼稚的或不成熟的来贬低或侮辱他。批评受害者对于挑衅做出的反应，意味着过错在于受害者，而不是施虐者。施虐者也可能会通过弱化受害者的成功或成就来贬低受害者。施虐者可能会因为受害者感到骄傲而批评他，这意味着如果受害者足够努力工作，就真的会有值得骄傲的东西呈现出来。

## 让自己对待受害者的方式合法化

施虐者会借助让自己对待受害者的方式合法化，来让受害者相信其虐待行为是有必要的。随着对自己能力信心的下降，他们变得更加依赖和接受施虐者见到的事物。而当受害者相信他就应该接受如此对待的时候，他就更不可能抵制或挑战有问题的行为。此外，施虐者可能会让自己相信，他做出这种严厉的行为是出于对受害者利益的考虑，且这样的处理方式是正当的。

 写作练习

以煤气灯效应为形式的情感虐待能产生影响，因为它系统地破坏了受害者的自信心、自主性和自我效能感。以上列出的五个目的使煤气灯效应施虐者能够更好地控制受害者。你在生活中遇到的煤气灯效应施虐者是如何在你们的关系中实现这些目的的？——写下你对他（或他们）这五个目的的体验感受。

_____

_____

_____

_____

## 煤气灯效应施虐者的常用话术

以下列出了一些在煤气灯效应中施虐者常常可能会用到的话术。如果你觉得很熟悉，就请在旁边的框中打"√"。

☐ "要不是你激怒了我，我才不会这么说。"施虐者用这样的话把责任推到了受害者身上，以让受害者相信他受到的虐待是咎由自取。

☐ "是你故意曲解了我说的话。"这句话指责受害者没有读懂施虐者的心思，并暗示受害者扭曲了施虐者"无辜"的意图。

☐ "你明知道我是怎么想的却还要这么做，所以我这么对你都是你自己的错。"这句话意味着当受害者与施虐者对抗时，后者会为自己的虐待行为进行辩护。

☐ "这从未发生过。"否认受害者的记忆和经历能使其感到困惑和迷失方向。施虐者还会通过否认事件本身或声称对事件没有记忆来混淆受害者。

☐ "你疯了吧。"拒绝接受受害者的感受和信念，并表示这些听起来都很不可思议。这会引起受害者产生自我怀疑并感到焦虑。

☐ "你想把我弄糊涂。"这种指控转变了施虐者和受害者的立场，让真正的受害者处于守势。

☐ "我不知道你在说什么。"宣称不理解受害者的担忧，表明受害者的经历已经远远超出了常规，是难以理解的。这样一来，受害者就会质疑究竟是自己在胡乱猜测，还是自己的记忆出现了偏差。

☐ "你记错了。"这句话意味着受害者的记忆和感知是不可靠的，这会让他的判断受到质疑。

- □ "我对你这么冷酷无情，只是因为我爱你。"这句话用来引发受害者的感激和宽恕之情。施虐者声称自己相信"残酷的爱"或"实话实说"，而不管这会对其他人造成什么影响。

- □ "你太敏感了，你得脸皮厚点。"这可能是施虐者的常用话术中最隐晦的一句话。这些话背后的深意在于，施虐者质疑受害者表达他自己感受的权利。如果受害者"过于敏感"，那么受害者就有义务学会忍受虐待，而不是要求施虐者停止他的行为。

## 了解煤气灯效应的行为

既然你已经熟悉了煤气灯效应的迹象和目标，那么未来你就会更不容易成为它的猎物。回顾你的过去，去审视一段曾被你视为浪漫关系中，你难以判断存在哪些是操纵的经历。你可能会想：为什么我在当时不能看透其中存在的操纵？为什么在我意识到究竟真正发生了什么事情之前不得不承受如此多的痛苦？你可能会感觉受到伤害、碎裂，或愚蠢地成了受害者。对自己宽容一点。被虐待性个体作为攻击目标并不是一种性格缺陷。

我们可以根据这两点中的一点来定位受害者——脆弱性和可取性。一些施虐者会寻找那些倾向于忽视恶劣待遇和辱骂行为的受害者。他们会将那些想要被视为和蔼可亲的、易于相处的人群视为目标，因为这样的人不太可能会挑战施虐者，且更容易被操纵。受害者会更多地体察对方、让对方感到称心如意，施虐者会利用这一点来操纵受害者。还有一些施虐者会被坚强、自信的人吸引，并以那些看起来自信、成功、富有或有吸引力的人作为目标。施虐者会通过一套被称为"爱的轰炸"的流程来吸引目标人群——向潜在的受害者展现同情、赞扬和假装的亲密。一旦受害者上钩，煤气灯效应就开始发挥作用了，施虐者就会开始打击最初吸引他的目标人群的信心。

## 煤气灯概述

某些人格类型的人是否会比其他人更容易受到煤气灯效应的影响？尽管施虐者会出于不同的原因锁定受害者，但是许多受害者之间的确有一些相同的特质：

- 他们大多是讨好者，过于注重礼貌，很随和或很受人喜欢；
- 他们往往是认真勤勉的、关心他人感受的人，还可能会对说"不"感到内疚；
- 他们很有可能会轻易原谅或者忽视那些过分粗鲁和伤害性的行为。

你符合以上描述吗？可以试着做做以下的自我测试。

### 煤气灯效应受害者自我测试

通过圈出"非常符合""一般"或"基本不符合"来评估每句话对你来说的真实性。

1. 当我与某个人意见不同的时候，感觉就好像我在"演戏"。我试图避免这种情况出现。

　　非常符合　　　　　　一般　　　　　　　基本不符合

2. 我担心如果我对别人说"不"，就会伤害他的感情。

　　非常符合　　　　　　一般　　　　　　　基本不符合

3. 相比于我自己来说，我更尊重别人的意见。

　　非常符合　　　　　　一般　　　　　　　基本不符合

4. 如果我做得很好，而我的伙伴做得不好，我就会觉得我的成功对他构成了伤害。

　　非常符合　　　　　　一般　　　　　　　基本不符合

5. 我觉得我应该更好地控制自己的情绪。

　　非常符合　　　　　　一般　　　　　　　基本不符合

　　如果你对这几道题圈出了三个及三个以上的"非常符合"，那么你可能会面临更高的被煤气灯效应影响的风险。记住，你的声音和观点很重要，而且说"不"是可以的。你有权受到尊重。

第二部分

# 阶段性康复

　　**从情感虐待中康复是一个过程。**这与建造一座房子时要从坚实的地基开始一样，从煤气灯效应中恢复开始于接受在一段关系中遭受虐待的痛苦现实。在康复的第一阶段，你需要承认和自我同情。你需要识别、探索并接受煤气灯效应在你的生活中的呈现方式。治愈之路始于承认伤口的存在，然后慢慢发展出一种对自我的宽容仁慈的心态。

第 3 章

# 第一阶段：承认和自我同情

现在，我们已经奠定好了基础，你已经做好了开始一段煤气灯效应康复之旅的准备。我们已经讨论了什么是煤气灯效应，这种行为可能会以什么样的形式出现在不同的环境中，以及是什么让煤气灯效应对关系造成损坏的。我们还介绍了煤气灯效应的迹象和影响，以及是什么促使人们采用这种虐待手段的。现在轮到你了，你将开始探索并承认煤气灯效应对你造成的影响。本章包含了大量的写作练习，它们能帮助你理解存在于不健康关系中的操纵。你康复的第一步就是认识并允许自己承认，你是一个煤气灯效应的受害者。通过说出所发生的事情来承认真相能帮助你解开困惑的体验。本章的第一部分将在带着你回顾过去和现在关系的同时，重点帮助你完成这个过程。

承认自己经历过情感虐待可能会给你带来羞耻感。煤气灯效应会伤害你的自尊，扭曲你的自我认知。因此，**学会自我同情对你的康复是至关重要的**。自我同情是一种思维模式。带着自我同情，你会对自己充满仁慈、理解和关爱，认识到自己经历过的痛苦，不带有批评或自责。因为被操纵而谴责自己并不会对你治愈虐待关系的创伤有任何帮助。把善意和同情带到你曾经被伤过的地方。

让我们开始吧！

# 识别操纵

当你看到煤气灯效应发生的时候，你能识别它吗？在下面的案例中，你将会有三次机会在现实生活场景中识别煤气灯效应的元素。

仔细读每个案例，然后看看你能否在每个场景中识别煤气灯效应的迹象和影响（回顾第1章中的"煤气灯效应的迹象"和"煤气灯效应的影响"部分）。

## 破灭的希望

---

### 案例

茱莉亚怀着激动的心情搬进了她大学的第一个宿舍，开始了一种全新的、独立的成年人的生活。她迫不及待地告诉母亲关于打算参加校内运动的计划："我感觉我真的已经做好准备开始新的生活了！"茱莉亚滔滔不绝地讲起来，但是当她的母亲开始对她大笑的时候，茱莉亚感觉自己被击碎了。"哦，亲爱的，"她的母亲用一种居高临下的姿态说，"你知道吗，你不够健壮，不适合参加运动。"茱莉亚感觉她的激动和自信一下子都消失了，她原本以为参加校内运动是一个发展新技能的有趣的方式，但是她现在却不敢肯定了。"对不起，妈妈，我猜你是对的。我很可能是太愚蠢了，感谢你提醒我面对现实。"

---

*识别迹象和影响*

 写作练习

1. 在这个互动场景中识别出两到三个煤气灯效应的迹象。

_____

_____

_____

_____

2. 识别茱莉亚正在遭受的两到三个影响。

_____

_____

_____

_____

3. 你有没有遇到过一个朋友或家庭成员对于你的兴趣、技能或计划使用煤气灯效应？把这样的经历写下来。

_____

_____

_____

_____

_____

## 自食其果

---

### 案例

安德鲁发现了他的伴侣给另一个男人的几条言语露骨的情欲短信，安德鲁和伴侣为这件事情发生了很多次的争执。安德鲁感到伤心又愤怒。最终，他不得不告诉伴侣，这段关系结束了，他要搬走了。

"我真不敢相信你因为几条短信就能有这么夸张的反应！"他的伴侣抱怨道，听起来令人作呕，"我不是在欺骗你，你只是看到了你想看到的，你为什么如此多疑呢？你喜欢成为一个受害者，但我可不能容忍，你不能控制我。"伴侣转身离开了安德鲁，留下骄傲的、受伤的背影。安德鲁彻底崩溃了。

"我不是故意想要指责你欺骗了我，只是当我看到短信的时候，我很难过。很抱歉我攻击了你。我只是希望我们彼此能够坦诚相见。"安德鲁用手臂搂着伴侣，低声忏悔道，"对不起，我爱你。"她转向安德鲁，也拥抱了他，说道："我原谅你。"

---

### 识别迹象和影响

 **写作练习**

1. 在这个互动场景中识别出两到三个煤气灯效应的迹象。

---

_____

_____

_____

2. 识别安德鲁正在遭遇的两到三个煤气灯效应的影响。

_____

_____

_____

3. 你在浪漫关系中有没有经历过伴侣对你使用煤气灯效应？把
   这样的经历写下来。

_____

_____

_____

_____

## 办公室八卦

### 案例

　　莎萨期待着即将到来的关于她的绩效评估。她在新的岗位
上工作很努力，工作效率也很高。她和她的上司菲利希亚关系
很好，并且给她们的预评估会议留下了积极的印象。菲利希亚

甚至暗示她可能会有基于绩效的加薪。但是当菲利希亚把莎萨叫到她的办公室去检查评估的时候，莎萨被菲利希亚写在笔记本上的内容震惊了，并且感到非常沮丧。笔记本上写道："莎萨的整体表现令人失望，她并没有付出特别卓越的努力，却觉得自己有资格获得加薪。如果她想在这家公司取得进步，她就需要重新设定她的期望，改善她的职业伦理标准。"当她看到这些评论的时候，莎萨感到既困惑又屈辱。她想知道她是否真的理解了菲利希亚早些时候关于她可能加薪的暗示，以及她对于自己的前景表现出的兴奋是否让她自己看起来很贪婪。后来，她在无意中听到了其他部门的两位经理对她的讨论，说菲利希亚跟他们说莎萨要求加薪，而且还抱怨她的同事。流言蜚语像野火一样蔓延开来，莎萨发现自己越来越被同事们孤立。

### 识别迹象和影响

 **写作练习**

1. 在这个互动场景中识别出两到三个煤气灯效应的迹象。

_____

_____

_____

_____

_____

2. 识别莎萨正在遭遇的两到三个煤气灯效应的影响。

_____

_____

_____

_____

_____

3. 你在工作场合中经历过煤气灯效应吗？把这样的经历写下来。

_____

_____

_____

_____

_____

## 你要如何做

### 观察现实生活中的迹象

回顾第 1 章关于"煤气灯效应的迹象"的内容。关于每个迹象是如何在你的生活中体现出来的，选取其中一个例子写下来。就算你的经历与以下列出的各项不完全一致也没有关系（例如，你可能会被朋友欺负或成为兄弟姐妹中的替罪羊）。

**写作练习**

你一直是毫无根据的流言蜚语的对象。

_____

_____

_____

_____

你一直是名誉扫地的状态。

_____

_____

_____

_____

你总是被期待能够读懂别人的心思。

_____

_____

_____

_____

你被区别性对待。

_____

你总是替罪羊。

你被人公然地欺骗了。

你遭受过背叛。

你被欺负或恐吓过。

在你明明没有恶意的情况下，却被指责为有恶意。

你感到内疚。

你被视为反应过度。

_____

_____

_____

_____

你被迫使自己觉得你向他人提出的合理要求是令人焦虑且不公平的。

_____

_____

_____

_____

你一直在受到指责和羞辱。

_____

_____

_____

_____

有人在报复你。

_____

_____

_____

_____

_____

## 确定你受到的影响

回顾第 1 章中关于"煤气灯效应的影响"的内容。写一个例子，说一说这些影响是如何在你的生活中——呈现的。

 **写作练习**

你缺乏自信 / 很自卑。

_____

_____

你经历过不快乐 / 失去过快乐。

_____

_____

你发现自己在为自己无法控制的事情道歉，或者为自己有权说"不"的情况道歉。

_____

_____

你感到犹豫不决。

你感到困惑。

你一直充满自我怀疑。

你一直焦虑不安。

你一直在否认别人的煤气灯效应行为。

你陷入抑郁之中。

_____

_____

_____

你感到压力很大。

_____

_____

_____

## 意外收获

如果这些影响中的任何一个曾经适用于你，但现在却不再适用了，那么发生了什么变化呢？

 写作练习

请在下方的横线上写下你是如何做出改变的。

_____

_____

_____

## 事后诸葛亮：回顾过去的经历

回顾过去的煤气灯效应经历可以帮助你在未来认识它们。写下一次你所经历的煤气灯效应。确定你当时的感受和想法，以及你目前挥之不去的感受和想法。选取一个在你生活中的煤气灯效应的例子，尽你所能地详细地写下这段经历。

 **写作练习**

当发生煤气灯效应时，你有什么感受？

_____

_____

_____

你现在觉得这件事情怎么样？

_____

_____

_____

你当时有什么想法？

_____

_____

_____

你现在对这件事有什么想法？

_____

_____

_____

如果你今天遇到这种情况，那么你想采取什么不同的做法吗？写下你现在对于煤气灯效应有了更多了解之后你会采取的回应方式。

_____

_____

_____

尽可能多地重复做这个练习。对于需要多次重温某件事不要有任何疑虑。通过重复练习，你可能会从相同或相似的情景中学到新的东西。

## 你以前在什么地方见过这种行为吗

列一张关于你可以识别出煤气灯效应的电影、电视剧、戏剧或书籍的清单。

 **写作练习**

在开始读这本书之前，有没有什么事是你没有注意到的？

_____

_____

_____

## 你在空间中的身体

花点时间注意一下你的身体。你是如何站立的？你是昂首挺胸还是含胸驼背？当有人在你身边时，你是会尽可能地躲在角落还是能舒适地占据空间？绝大多数人会通过社交媒体、广告或许还有其他类型的场所经历过与其身体有关的煤气灯效应。比如，你可能一直对自己的身体很满意，直到你的社交媒体上突然出现了塑形衣的广告。又比如，你一直满足于保持苗条的身材，直到你被蛋白质粉和健身计划的广告轰炸了。

缺乏流行文化以及媒体对于身体有缺陷的人、有色人种或性别认同与主流不一致的人群的描述（或歪曲），可能会传递出一种关于对社会可接受的个人身份和自我表达的信息，以及那些被描绘成离经叛道、不守规范或被夸张描述的人的信息。

想一想那些你曾经被告知过的关于你的身体以及你在这个世界上实际存在的事情。回答以下问题，探索一些当你的身体经历煤气灯效应时可能会面临的形式。

 **写作练习**

当你想到你的身体和你的外表的时候，你有什么感受？

_____

_____

_____

你是从哪里学会用这样的方式看待自己的身体的？

_____

_____

_____

你接纳和爱你自己的身体（即使有人暗示我不应该这样做）是什么？

_____

_____

_____

## 当你的身体在说话时，倾听它

你知道吗？创伤性的经历不仅会影响我们的心理，还会影响我们的身体。巴塞尔·范德考克（Bessel Van der Kolk）博士在他的一篇具有深远意义的论文《身体保持量表（2014）》["The Body Keeps the Score（2014）"]中指出，经研究发现，创伤可能会在一些方面导致大脑发生功能性的改变、提高神经系统的兴奋度、使人患有长期疼痛和慢性疾病。我们的身体无法区分创伤究竟是来自斗争还是诸如煤气灯效应之类的情感虐待。创伤就是创伤，我们的身体可以讲述关于我们情绪痛苦的故事。

在你阅读本章并开始关注自我同情的部分时，不要忘记你的身体。也就是说在你阅读本书时，请关注自己的身体可能会出现的感受，诸如持续性的头痛、恶心作呕、疲劳、心跳加速、双手握拳等，可能都是通过你的身体表达出来的受到创伤的迹象。

如果你在做这个练习的时候注意到了这些征兆，那么请试着暂停一下，然后对自己的身体表达感激。虽然这可能会让你感到不舒服，但这些身体的感觉会给你更多的关于创伤是如何存在于你的身体内以及存在于何处的信息。

# 实用练习

## 具象情感冥想练习

找一个安静、平和、安全的地方。坐在一个舒适的位置上，随你所愿，眼睛可以睁着也可以闭上。请把你的注意力调整到中等程度。将关注点集中在你的呼吸和身体上。当你的思维开始无意识地游离时，承认它们的飘离，并回到你内在的聚焦上。现在，仔细回忆关于煤气灯效应或其他形式的情感虐待的经历——不要直奔你最痛苦的回忆，选择一个令你感觉起来是中度疼痛的回忆片段。让记忆浮出水面，尽可能多地观察细节。接下来，花一些时间来探索这段记忆，注意那些浮现出来的情绪。选择一种强烈的情绪，然后让你内心的凝视温柔地聚焦在那种感觉上。把感觉说出来，比如，"这是愤怒"或"这是悲伤"。尽量不要去评判你的感受。

接着，将你的注意力转移到你的身体自我（physical self）上。从头到脚扫描一遍你的全身。继续保持对之前已经确定情绪的意识。让你的身体向你展示其情感所在。

当你找到这种感觉时，把一只手轻轻地放在你注意到这种感觉的地方。当你说"我为我的愤怒而同情自己"或"我为我的悲伤而同情自己"时，想象一下向那个地方发出爱的浪潮，并留意你的身体自我和情感自我（emotional self）是如何对你的同情做出反应的。它们是变得柔软了还是抗拒了？持续地传递同情，直到你感受到一种缓和的状态。感谢你的身体向你展示了它是如何保持这种情绪的。如果你愿意，那么可以通过一种舒缓的方式（比如，拥抱自己、将手臂伸向天花板或按摩脖子等）与自己的身体产生联结。

## 自我对话练习

你是否注意到你谈论自己的方式？这种思考和与自己说话的方式被称为"自我对话"（self-talk）。自我对话既可以是友善的、富有同情心的、积极的，又可以是严厉的、批评的、消极的。你的自我对话听起来更像哪种？

煤气灯效应会对自我对话和自我感知产生负面影响。在本章中，我们将探索你的自我对话是如何将你的自我信念反映出来的。以下练习旨在帮助你将消极、批判性的自我对话转变为善意的、自我同情的自我对话。

### 自我描述

通过密切关注你用来描述自己的词语，你可以了解到很多关于自我对话的知识。来，试试看。

 **写作练习**

用五个词或短语描述一下自己。

_____

_____

_____

_____

_____

你选择了什么样的词？你是用积极的、消极的还是中性的词来描述自己的？如果你把注意力集中在你认为是消极的特质上，那么你的自我描述很可能是消极的。再试试看这个练习，这次着重强调一下关于自我同情方面的表达方式。例如，不要将自己描述为"过于情绪化"，试试看描述为"与自己的感受一致"或"适度的敏感"。

**说给好朋友听**

假设你正在倾听你最好的朋友谈论她的某个被煤气灯效应影响的时刻，想象一下她告诉你，她觉得自己被操纵很愚蠢，她担心自己永远无法从虐待中恢复过来。你会如何回应她呢？

 **写作练习**

你可以通过这样的想象给予自己同样的善意。请在下方的横线上写下你的回答。

_____

_____

_____

**情感虐待不分性别**

根据美国家庭暴力热线的统计，有将近一半的女性和男性（分别为 48.4% 和 48.8%）在其一生中经历过伴侣在精神上的攻击。尽管有很多关于情感虐待的研究和方案表明，媒体宣传倾向于表现为男性伤害女性，但其实男性也可以被来自女性的伴侣、朋友、家庭成员以及同事的煤气灯效应影响。这对于经历过虐待的男性来说会成为一个额外的社会性耻辱，因为成为受害者可能会被视为软弱。每个人都可能既是情感虐待的受害者，又是施暴者。没有人能被排除在外。

### 你所做的并不代表你是谁

请在表 3–1 中列出你认同的人格特质。练习会将"你是谁"从"你所做的事"中区分出来。

表 3–1　　　　　　　　你认同的人格特质

| "我"经常会这样 | 我的人格特质 |
| --- | --- |
| 我太容易相信别人了 | 让那些从未得到过信任的人从中受益 |
|  |  |
|  |  |
|  |  |

**自我同情日记**

记录每天发生的事件，提供练习自我同情的机会。对于每个事件，请注意以下三个方面。

- **提供正念意识**。发生了什么事，你的感觉如何？当你注意到自己的情绪时，尽量不去评判和批判。
- **使你的反应正常化**。用一两句话描述你与普通人对话时的反应。例如，当有车辆将两人隔开时，许多人会感到沮丧，这是一种正常的反应。
- **善待自己**。给自己写几句关于自我同情、肯定和安慰的话。试着对自己既和蔼又温柔。

参考下面的写作练习，每天完成一次自我同情日记，至少坚持一周，并在周末观察你的感受。

 **写作练习**

发生了什么？你是如何感受它的？

_____

_____

_____

_____

你对人有什么样的反应？

_____

_____

_____

_____

你可以通过什么方式表示你的善意？

_____

_____

_____

### 自我宽恕信

许多受过虐待的幸存者会陷入自责的挣扎中。他们会觉得自己本来可以通过改变行为、提前结束关系或头也不回地离开来防止虐待发生。你有没有为那些关于虐待的事情而责备过自己？如果答案是肯定的，那么请给自己写一封饱含善意的信，表达对自己的宽恕。

 **写作练习**

在自我宽恕信中，请详细说明原谅自己的原因，以避免对自己的宽恕设置条件。

_____

_____

_____

## 内化的煤气灯效应

如果你很难对自己表现出善意或同情心，那么不妨去探索一下导致你如此不情愿的背后原因。请留意你的自我对话中是否包含了诸如"你就是该被煤气灯效应影响，因为你就是太蠢了，根本弄不清到底发生了什么"，或者"哦，他是对的，你是一个懒惰的邋遢鬼。如果你能偶尔打扫一下房间，他就找不到什么理由那么说你了"等信息，这样的信息说明你可能产生了内化的煤气灯效应。当你已经习惯于接受情感虐待时，你会把尖酸刻薄的言辞和情绪发泄在自己身上，有时这会成为一种自我保护。这种自我煤气灯效应可能会让你更难以对关系中的另一个人展示出信心和魄力，从而阻止更深的虐待。内化的煤气灯效应也是一种虐待会继续存在的方式，即使一个施虐者并没有实际存在。如果你是以这样的思维方式来认识自己的，那么接下来的练习将会对你特别有价值。

### 肯定语

练习用肯定语来抵消负面的自我信息。请体会这个任务对你来说是不是很困难，问问你自己什么样的感受是令人不快的或是错误的。我会支持你一直坚持下去，即使你觉得这个练习很困难。相信你值得用爱和同情来对待自己，这是一种需要通过学习和训练才能掌握的思维模式。

以下是一些能提升自我同情的肯定语的例子：

- 我应该受到尊重；
- 我不应该受到操纵和情感虐待；
- 我同情在虐待关系中虽受到伤害亦属于我的那部分自我；
- 我接受自己想要相信别人最好的一面的部分，并能原谅那些伤害性的行为；
- 我值得被爱和同情。

 写作练习

请在下方的横线上写下五句自我肯定语，然后每天都对自己说一遍！

_____

_____

_____

_____

_____

_____

### 自我同情评估量表

借助表 3–2（改编自 ACT 同情自评量表），每天记录你在一整天的时间里是如何对待自己的，坚持一周。作答之前，请先认真阅读每个问题。每天都要评估你感到同情或批评的频率。

表 3-2 　　　　　　　　　自我同情评估量表

| 很少 | | 通常如此 | | 一直如此 |
| --- | --- | --- | --- | --- |
| 1 | 2 | 3 | 4 | 5 |

| | 周一 | 周二 | 周三 | 周四 | 周五 | 周六 | 周日 |
| --- | --- | --- | --- | --- | --- | --- | --- |
| 当我今天遇到了困难时，我把这个困难视为每个人都会经历的正常生活的一部分 | | | | | | | |
| 当我今天感受到情绪痛苦时，我试着爱我自己 | | | | | | | |
| 当我今天感到沮丧或不开心时，我试着提醒自己其他人也会有这种感觉 | | | | | | | |
| 当我今天遇到问题时，我会很苛责地对待自己 | | | | | | | |
| 今天我对自己既温柔又善良 | | | | | | | |
| 我对自己今天受伤的部分充满了爱与呵护 | | | | | | | |
| 我今天对自己很苛刻、冷漠、不爱自己 | | | | | | | |
| 当今天有什么事伤害我的时候，我试着对自己敞开心扉，保持好奇 | | | | | | | |
| 我难以原谅自己今天出现的人性的缺陷 | | | | | | | |
| 我对自己内在不喜欢的部分很不耐烦，也很挑剔 | | | | | | | |

### 想象一个富有同情心的未来

在这个练习中，你将会创建一个愿望板来展示你走向自我同情的旅程。一方面，愿望板中会含有一幅拼贴画，拼贴画将包括图片、文字、有趣的线条和其他材料，这代表了一种以煤气灯效应为特征的关系，这种关系可以发生在任何背景下（家庭、个人、职业、亲密关系等）。你选择的文字和图片应该能说明你在其中经历的困惑、缺乏自信、焦虑，以及你在那段关系中经历的其他影响。另一方面，你可以代表你的后煤气灯效应自我。这块愿景板说明了你的意识和自我同情。创造一个形象来表明你从虐待中恢复的决心。如果你仍在努力摆脱煤气灯效应的影响，那么可以试着将你的另一面视为一个有抱负的人。你想要如何看待自己？

把你的愿景板放在一个可见的地方，这样你就能有一个关于你走了多远的定期提醒。

### 把它送出去

在一张纸上写下一个词、一句话、一个记忆的片段，或与你的煤气灯效应的经历相关的印象。读一读你写下的东西，然后把纸尽可能地折到最小，将纸按下列方式之一处理掉——把它埋在土里、将它撕碎丢在风里、让它顺水漂走最终漂到海里，或将它烧掉（要注意安全）。当你将这一切释怀的时候，对自己说："我再也不需要背负着这个煤气灯效应对我的影响了。"

 **写作练习**

在下面的横线上写下你是怎么做的。

_____

_____

_____

_____

_____

_____

_____

_____

**写一份声明**

你可能会发现自己仍然处于想要摆脱煤气灯效应施虐者的指责和人身攻击中苦苦挣扎。即使你发现自我同情实施起来很困难也没有关系，你可以从对自己说想要成为一个善待自己的人开始。当你把自己的计划公之于众时，你也有机会让你的计划进入你的内在生活。

 **写作练习**

写一份声明来展现你对自己的爱与关怀。把你的表述当成一个正在发生的行为——即使你正在与爱和关怀产生联结而努力着。

举例：我在我的心中为自我同情留出空间。我乐意接纳来自自我的善意，以及外界对我表达出的善意。

_____

_____

_____

_____

_____

_____

## 回顾与总结 - - - - - - - - - - - - - - - - - - - - - - - - - - - - -

回顾本章中的练习。

哪些内容最能引起你的共鸣？

_____

_____

_____

_____

_____

哪些内容无法引起你的共鸣？

_____

_____

_____

_____

你现在感觉如何？从你开始阅读本章起，你的感受发生了怎么样的变化？

你从这些练习中学到了什么？

第 4 章

# 第二阶段：建立自尊

欢迎你进入康复的第二阶段。在这个阶段，你在自尊方面受到的创伤将获得治愈。在第 1、2 章中，我们介绍了煤气灯效应的表现形式，以及这些形式的虐待给受害者造成的影响。在第 3 章中，我们一同探索了煤气灯效应的一些迹象和给你带来的影响，并发展出了一些自我同情。接下来，我们将继续重建你的自尊，提高你的自信心。

本章的实用练习和写作练习旨在帮助你从有害的人际关系中识别出那些伤害，并学习重建自信和在关系中维护自己的方法。康复之旅的一部分包括理解和练习不同的沟通方式和方法，以更好地欣赏自己，培养一种成长性的和感恩的心态。

有一些练习可能会令你感到困难，因为经历过煤气灯效应后的你可能会觉得自己一无是处，所以让你去思考自己积极的一面不会是一件非常简单的事情。多给自己一些耐心。如果煤气灯效应缺少这些后续影响，那么它控制你的效果就不会那么强了。**慢慢来，善**

待那个在这些练习中挣扎努力的自己。

让我们开始吧！

# 《主张人权法案》

许多受到情感虐待的幸存者们一直在人际关系中为了维护自己而挣扎努力着。他们已经习惯性地认为，为自己发声是一种自私的体现。**那些都是胡说八道！**下面是根据曼努埃尔·J.史密斯（Manuel J. Smith）的《关于人权的法案》（*A Bill of Assertive Rights*，1975）改编的《主张人权法案》。阅读下列各项，并关注你自身的感受：

- 我有权判断自己的想法、感觉和行为，不受其他任何人对我的想法、感觉和行为评价的影响；
- 我对自己的所有思想和感情拥有权利，而无须证明它们或为它们道歉；
- 我有权决定我是否应该为他人的问题寻找解决方案，并采取行动承担责任；
- 我有权改变主意；
- 我有权说"不"，且不会为此感到内疚；
- 我有权犯错误，我有责任在出现错误后纠正它们；
- 我有权说"我不知道"；
- 我有权说"我不在乎"；
- 我有权享有我的身体、精神和情感空间；
- 我有权同情他人，但不负责修复他们的创伤；
- 我有权为自己做出最好的选择，即使这个选择不是其他人更喜欢的；

- 我有权独立于他人，形成自己的价值观、道德准则和道德规范；
- 我有权脱离或选择不与那些伤害我的人接触；
- 我有权摆脱一段有害的关系，无论这是一种什么样的关系；
- 我有权形成我自己的人格，拥有所有独特的和特别的个性，让我成为独一无二的自己。

 **写作练习**

当你阅读《主张人权法案》的每一项时，你有什么感受？哪些能引起你的共鸣？哪些不能？你是否会感到某一项权利特别难以接受或认同？请将你对该法案的反馈写在下面。请特别留意那些令你最难接受的权利，那些将会触及你最需要治愈的地方。

_____

_____

_____

_____

_____

_____

_____

_____

## 什么是自尊？为什么它很重要

　　自尊指的是你对于个人的价值感。你的自尊水平会对你在人际关系中如何展现自我以及你期望得到怎样的对待有着重要而直接的影响。

　　如果你的自尊水平过低，你就会认为自己不值得被爱和被尊重，你会无意识地认为别人是高于你的，你可能还会更容易受到虐待，因为你不相信自己配得上更好的。

　　如果你的自尊水平过高，你可能就会傲慢自大，并不切实际地希望自己被视为与众不同的。你可能会认为自己优于他人。过度自尊可能是自恋人格的一部分。可悲的讽刺是，一些自恋者认为自己毫无价值感，他们展现出来的夸张、制造的煤气灯效应以及社交优势，在很大程度上是为了让自己感觉到更多的价值感。

　　如果你拥有合理的自尊水平，你就既能欣赏自己的优势，又能承认自己的缺陷，并为自己的错误承担责任，而不是认为那些错误会对你作为一个人的价值产生消极影响。你可以期望在关系和感受中受到公平的对待，你也有权远离有害的行为或虐待行为，你还可以教会他人如何对待你——从你如何对待你自己开始。

# 关于自尊的实用练习

## 修复损伤

施虐者会随着时间的推移，通过削弱他人的自尊来造就受害者。

幸运的是，自尊被剥削后是可以重建的。下面的练习（参见表 4–1）将带你通过三个步骤了解自尊受损的方式，并引导你如何开始从伤痛中愈合。

第一步：在下方空白处写下或绘制一张卡片，可以是一个词、一个短语，或是你的一个曾受过煤气灯效应影响的行为。

```



```

第二步：在下方空白处写下或绘制一张卡片，展示你在第一步写下的词、短语或行为让你产生了什么想法和感受。

```



```

第三步：在下方空白处写下或绘制一张关于你对自己另一种信念的卡片来抵制煤气灯效应施虐者的信息。现在，请大声地说出你的这个信念。当你说出这个信念时，请留意你对自己的感受。

```



```

表 4-1　　　　　　　　　　　修复损伤的练习

| 煤气灯效应关于我的信息 | 煤气灯效应的信息带给我的感受 | 关于我的另一种信息 |
|---|---|---|
| 事例："如果你再减一点肥，你会多漂亮啊！" | 因为胖所以丑。没有人会需要我，除非我减肥 | 我的价值并不取决于我是否达到了某个特定的体重。无论我是胖还是瘦，我都值得被爱 |
| | | |
| | | |
| | | |
| | | |
| | | |

### 你最好的朋友给你写的传记

想象一下，你最好的朋友被邀请为你写一份关于你的传记。他将会被问及你是一个什么样的人，以及是什么令你与众不同。这份传记将着重介绍你独特的个性特征、个人才艺、技能和优势。

 **写作练习**

请你从你最好的朋友的视角，至少写一段关于你自己的内容。以下问题是一些提示性的建议，注意要有创新。唯一的要求是，你要专注于那些被你最好的朋友所赞美的积极品质。

建议性的采访提示：

- 你最好的朋友说的哪些话让你觉得自己很特别？
- 你拥有哪些优势和技能？
- 关于你的哪个方面是令你最好的朋友最引以为豪的？
- 你最好的朋友最欣赏你哪一点？

_____

_____

_____

### 奖励选择

和你最好的朋友坐下来，用上一个练习中的问题进行一次真正意义上的面谈。

写作练习

请在下方的横线上写下你朋友的回答。

_____

_____

_____

## 优势调查

我们都有独特的优势、技能和个性，它们使我们与众不同。如果你一段时间内没有思考过你之所以成为你自己的品质，那么现在就是一个机会——在这个练习中，概述你的一切优点。想一想你最喜欢自己的部分，那些你一生都在不断完善发展的无论是内在的性格特征还是外在的技能。现在不是谦虚的时候，而是为那些让你与众不同的一切命名并为之骄傲的时刻！

在你对自己的那些优势、技能和具有鲜明个性的特征表达了感激之后，请思考这两个问题：在你成长的过程中，你是如何发展它们的？在你的余生中，你将如何进一步发展它们？

 写作练习

请在下方的横线上写下你的答案。

你喜欢自己的一个方面是什么？

_____

你擅长的一个方面是什么？

你有什么独特之处？

你最引以为豪的优势、技能或特质是什么？

你通过什么方式发现了这种优势、技能或特质？

基于你实际的优势、技能或特质，你有什么超级厉害的能力？

你会以什么样的方式运用这个超级厉害的能力？

_____

_____

_____

## "我爱你" 练习

在上一个练习中，你可能已经注意到你内心的批评者对你的优势、技能或特质的吹毛求疵。如果你发现对自己说任何善意的话都很困难，接下来的这个练习就特别适合你。你可能会讨厌这么做，但无论如何都去做吧！

内心的批评者是你将自己在虐待关系中曾受到过的严厉的和挑剔的信息内化后的一部分自我。有时你会想成为一个"完美主义者"，这其实只是因为你内心的批评者在尽一切努力防止你犯错而已。内心的批评者对你如此严厉，并不是出于仇恨，而是为了帮你免于成为未来的受害者。你内心的批评者试图通过让你清晰地认识到你付出了过度补偿的那些缺陷来保护你。换句话说，严苛的做法的背后是出于善良的好意。

这是一个关于给自己带来爱、不完美以及一切的练习。自尊始于一个词——自我。要想获得良好的自我感知，你就必须学会爱自己。爱甚至会蔓延至那些对你持批评态度的自我的部分。这个练习将会帮助你找到你的爱。

### "我爱你"冥想

闭上眼睛，想象一下你内心的批评者就坐在桌子对面。想象你或站着或坐着，离你内心的批评者足够近，近到你可以看到他的眼睛，听到他的声音。请留意你是否会感到焦虑、悲伤、愤怒或害怕。深长而缓慢地呼吸，去感受你的横膈膜在每次吸气时的扩张和呼气时的缩紧。平静、冷静并自信地呼吸。将恐惧、愤怒和焦虑呼出去。看着你内心的批评者并告诉他，你是来这里想好好跟他谈一谈的。

你要先告诉你的批评者，你将会倾听他现在想要说的内容，而且你已经准备好了倾听一些关于他不喜欢你的言论。请他每次只说出一个不满，这样便于你听取批评并做出回应。在整个冥想过程中，请确保时刻检查你的呼吸。持续保持呼吸缓慢深长，去感受你的呼吸令你的肺填满和排空。

在你倾听你内心的批评者的声音时，请试着保持好奇和开放的态度。你认得那个声音吗？当你听到关于你的一些负面信息时，你是如何感受的？你是在哪里感受到你的反应的，是在你的身体内部还是周围？如果你感到焦虑、不安或心烦意乱，那么请继续保持深呼吸，直到你可以重新开始与你内心的批评者对话。

每当你内心的批评者提出一个不满的时候，都请先停下来。留意你的感受和你的反应来自哪里，然后把手放在你能感受到情绪反应的地方，说"我爱你"。在每次倾听到他的批评后都要重复这个步骤。

当你说"我爱你"的时候，你感受到了什么？你的心是否感到坚硬、紧缩或受伤了？把手放在胸口，不断地说"我爱你"，直到你感觉到你的心柔软、温暖，你的心是开放的、充满了爱。

当你感到你的心是开放的、充满了爱的时候，看看你内心的批评者（即那个总是喜欢提醒你的每一个错误和缺点的你的自我的那一部分）并对他说"我也爱你"。批评者是如何回应的？

继续向那个被你内化的批评伤害的部分传达爱，向你的内心的批评者（即你的内心仍然记得这些信息的那一部分）传达爱，这样你将不会再受到伤害。感受你心中的爱，它足以覆盖你受过的每一个伤。

吸入爱，呼出痛苦。把手放在你的心上，说"我爱你"。

 写作练习

这个"我爱你"冥想可以激起很多情感。在你完成冥想时，你感受到了什么？在下方的横线上写下你关于这个练习的回答。

_____

_____

_____

_____

_____

_____

## 你的积极品质

对于下面列出的积极品质，写下你体现出每一个积极品质的时间，以及你的积极品质对你和他人有什么帮助。

写作练习

请在下方的横线上写下你的回答。

勇气

_____

_____

_____

善良

_____

_____

_____

慷慨

_____

_____

_____

爱

_____

_____

_____

仁慈

智慧

希望

欢乐

坚定

耐心

毅力

直觉

## 你的问题 vs 你的遭遇

你对自己说话的方式会成为一种自我同情或自我煤气灯效应的强大力量，还会对你的价值观产生巨大的影响。当你自我感觉不好时，你很有可能会发现进行果决而自信的沟通会变得更加困难。在做这个练习之前，请确保你已练习过第 3 章的自我对话练习。在这个练习中，先根据表 4–2 写一份关于你的经历的陈述报告。然后换一种形式，将这份报告写成一份对你产生影响但并不能定义你的事件和情况。

表 4–2　　　　　　　　　关于你的经历的陈述报告

| 我的问题 | 我的遭遇 |
| --- | --- |
| 我是一个被损坏的物件 | 我曾被虐待关系伤害过 |
|  |  |
|  |  |
|  |  |
|  |  |

## 成长史时间线

当你过于关注自己的缺点和错误时，往往很容易忽视自己已经取得的进步。这个练习有助于追踪你在生活中的一个或多个领域的成长。你可以描绘你在智力、情感、精神或身体技能方面的进展，或你遭受虐待的某个具体层面的恢复情况（比如，恢复自信心或提高适应力）。

请借助图 4-1 制作你的成长史时间线，它能展示你在某个或多个领域的成长和进步。追踪你过去一周、一个月、一年、五年、十年或更长时间段的进度。这些优势是如何随着你的成长而改变的？你已经走了多远？

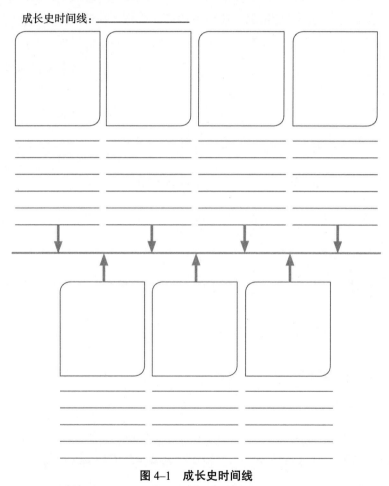

**图 4-1　成长史时间线**

你也许还希望记录你在这个过程中跌倒、迷失、被困住或后退

的次数。所有的一切都是正常成长过程的一部分！请为自己接受挑
战而自豪！

## 制定一系列新的可追求的目标

在完成你的时间线后，你可以考虑制定一系列新的可追求的目
标。你是否有一个想培养的技能、兴趣或优势？愈合和恢复的某个
方面值得采取更具针对性的方法吗？将今天作为你书写下一张成长
史时间线的第一步。从这里开始，你想要朝着哪个方面成长？确定
3~5 个你在接下来的生活中可以通过努力实现的目标。一年之后你想
去哪里？五年呢？十年呢？大胆思考，不要设限！

 **写作练习**

请在下方的横线上写下你的回答。

_____

_____

_____

_____

_____

## 日常自我欣赏

每天起床后，在便条上写下至少一件你欣赏自己的事情。站在

镜子前面，集中注意力，大声地把自己写下的内容念给自己听至少三遍。当你说话的时候，请看着镜子里的自己，不要担心这是一件听起来很傻的事。把写好的便条放在一个安全的地方，并在一天快要结束的时候再次回顾一下你所写的东西。

每天重复这个练习，持续 100 天，欣赏每次关于自己的不一样的地方。在日历中添加提醒或在手机上设置闹钟，以帮助你记住每天要花费一些时间来对自己表达感激。保留好这些便条，并将它们贴在剪贴簿中，或在本阶段结束时做成一个手账。

## 日常感恩

与日常欣赏练习类似，在一天结束时，至少写下一件令你觉得感激的事情。你既可以选择重要的大事，也可以是琐碎的小事。在睡前花五分钟专注于你感到充满感激的事情上，为进入睡眠做准备。

## 自创肯定的"魔咒"

自创五句肯定的"魔咒"来为健康的自信和自尊腾出空间，欢迎它们的到来。在下方的横线上写下你的肯定的魔咒，就如同你已经收到了这些自我给予的礼物。感谢宇宙万物的存在，感谢你的健康和疗愈，感谢任何能在精神上与你产生共鸣的事物。

举例：

- 我爱我自己，欣赏我自己。
- 我已为迎接自尊和健康的自信做好了准备。
- 我为来自我内心的智慧和坚韧而心怀感恩。

**写作练习**

轮到你了！

_____

_____

_____

_____

_____

## 宣誓你的领域

肢体语言可以揭示很多关于我们的信息，坐、立、行的方式都可以反映出我们在这个世界上占据空间的舒适程度。

这个练习可以帮助你探索你的身体语言对你的自尊有何影响。你需要一个足够大的空间来伸展身体，所以请先找一块可以站立的空地。如果你能站在镜子前那是最好的，如果无法实现也没有关系。如果你没有办法站起来，那么就坐着，尽可能地如同站着一样挺直身体。

想象一下你觉得自己渺小、羞愧、不配或不开心的时候。当你不太重视自己的时候，你的身体看起来如何？你坐得或站得直吗？有没有弓腰驼背？你看起来是不是很低落？有没有耸肩？当你对自己感受不好的时候，花一分钟专注于自己的身体语言上。

现在请想象一下你是自信的、坚定的，并且能够意识到自身价值的。你爱你自己，并拥有在世界上占据一席之地的权利。让我们一起来练习你作为一个自信、坚定且有价值的人，来宣誓属于你的物理空间，这是属于你的领域。

双腿分开，至少与髋同宽，双臂松弛地垂在身体两侧。如果你不方便站起来，那么在坐着的时候请保持背部尽量挺直。感觉你的脚牢牢地接触地板，你身体的重量均匀地分布在你的大脚趾、小脚趾和脚跟之间（如果你是坐着，那么请保证体重均匀地分布在两边的坐骨上）。双脚压向地板，与此同时，想象你的躯干也一起挺拔起来。舒适笔直地站立或坐着。感觉自己高大、核心肌群强健且平衡。

稍微收缩腿部、臀部和上背部的肌肉。不要紧张。你的目标只是要意识到你的身体所拥有的力量，请感受肌肉中蕴含的能量。

轻轻地向后下方伸展肩胛骨，感受胸部和锁骨上方的开阔的空间。将双臂向两侧抬起，无论是什么高度，选择最适合你的就好。抬起下巴，感觉能量通过你的手臂从你的指尖发射出去。感受心脏周围空间的扩张。宣誓你的领域。

双臂笔直地举过头顶，手掌并拢。抬起你的脸，凝视天空。当你向上伸展的时候，感觉你的双脚牢牢地抓住地面，让自己变得更高。宣誓你的领域。

双臂与胸齐平，手掌并拢，目光低垂，然后弯曲手肘往后拉，继而将双手放在臀部上，一次又一次地感受肩胛骨的拉力。轻轻地抬起胸部，当手或拳头放在臀部上时，感受肩膀、上臂的能量。感受你坚实的身体的存在。宣誓你的领域。

当你完成这个练习并放松你的姿势时，试着保持内心的开放，参照在开始这个练习之前你对自身的感受，再次感受自身的感觉。

## 定义自信

自信的沟通和自信的心态往往是比较理想化的，在做一个逆来顺受的踏脚垫和做一个不管不顾的蒸汽压路机之间找到一个适宜的区间，往往是出奇的难。

能否从消极中恢复自信，最大的障碍在于你关于自我意味着什么的信念感。在这个练习中，我们将探索你对于自信的想法和信念。

 **写作练习**

请在下方的横线上写下你的回答。

自信对你而言意味着什么？

_____

_____

_____

在你的生活中，你认为哪些人很有自信？他们是如何行动的？当你在他们身边的时候，你的感受如何？

_____

_____

_____

在你看来，变得更加自信有什么好处？还可能会带给你哪些不利？

_____

---

---

当你想象自己自信地说话时，你的那些内在的自我暗示中的
"是的，但是"这类的词意味着什么？当你坚持自己的时候，是什么
让你感到害怕、有风险或不安？

---

---

如果你变得更加自信，那么你的生活可能会发生什么样的改
变？你认为事情会变得更好还是更糟？改变存在着什么风险，又会
带给你什么回报？

---

---

---

## 关于自信的实用练习

### 列举自信的好处

虽然对于煤气灯效应的受害者来说，提升自信可能会面临很多
困难，但是潜在的回报却是巨大的。自信地与人沟通可以带来很多
好处，包括以下几点：

- 提升自信和自尊水平；

- 减轻压力；

- 提升识别和理解自己感受的能力；

- 获得他人更多的尊重；

- 掌握更好的沟通技巧；

- 获得更加坦诚的关系；

- 获得积极的改变；

- 提升自我效能感。

 写作练习

在你感到疲惫甚至开始怀疑自己为什么要努力地变得更加自信时，请在下方的横线上写下提升自信能帮助你改善生活方式的好处。

_____

_____

_____

_____

_____

_____

## 找到你的沟通风格

自信不仅仅是一种沟通风格，还是一种生活方式。自信地沟通只是你有权被仁慈且尊重地对待的一个方面的体现。也就是说，你的沟通风格会让别人对你的感受和反应方式产生很大的影响。

## 沟通风格

大多数的沟通属于这四种风格之一：被动型、攻击型、被动攻击型、自信型。

被动型沟通是胆怯的、谦逊的、内向的、回避的以及缺乏自信的。被动型沟通还可能表现为讨好他人或在人际关系中表现得如同踏脚垫一样任人欺凌。许多情感虐待的受害者是被动型沟通者。

攻击型沟通是有说服力的、心直口快的、有控制力的。言语上的攻击可能包括缺乏共情的诚实，或者说是"冷酷的正直"。这是毫无建设性且具有伤害性的。攻击型沟通者并不常见，更多的有可能是情绪上的盛气凌人和恶语相向。

被动攻击型沟通是间接的、善于操纵的、隐蔽的、情感上不诚实的。被动攻击型沟通者可能会表达一种感受，但会通过他们的行为和态度展现出一些不同。被动攻击型的沟通可能会让接受者感到困惑、内疚和沮丧，还会在沟通中激起怨恨，甚至产生一种殉道者的情结。具有自恋或边缘型人格特质的个体往往很容易成为被动攻击型沟通者。

自信型沟通是诚实的、直接的、考虑全面的、自信的。自信型沟通者是开放的、坚定的，他们有权负责任地表达自己。自信的沟通者用共情来调和他们的诚实。他们愿意在适当的时候妥协，并确信他们自己的判断不是被操纵的结果。

表4-3概述了四种不同的沟通风格，看看哪种最符合你的沟通方式？

表 4-3                        沟通风格概述

| 被动型沟通 | 攻击型沟通 |
| --- | --- |
| • 感情上不诚实（克制自己的感情）<br>• 间接的（暗示性的、旁敲侧击的）<br>• 自我否定<br>• 胆怯、谦逊<br>• 喜欢归咎他人的<br>• 愤恨的<br>• 道歉<br>• 因害怕失去自我而克制真实的自我<br>• **"我总是输。"** | • 不恰当的诚实（不考虑他人的感受的"残忍"的诚实）<br>• 损人利己<br>• 攻击<br>• 指责和羞辱<br>• 控制<br>• 威胁<br>• 将个人意志凌驾于他人的意志之上<br>• **"我必须一直赢。"** |
| **被动攻击型沟通** | **自信型沟通** |
| • 情感上不诚实（言行不一）<br>• 间接和回避<br>• 否认自我，然后自抬身价<br>• 为了符合规范而引发内疚感<br>• 损人利己<br>• 倾向于指责<br>• 出于恐惧或某种责任而暂时性地压抑真实的自我<br>• **"没有人让我赢，这是他们的错。"** | • 适当的诚实<br>• 坚定而直接<br>• 尊重自己和他人<br>• 能够对他人的立场感同身受<br>• 大方地表达自己的想法、感受和需求<br>• 自信而不傲慢<br>• 愿意适当地妥协<br>• 关心双方的福祉<br>• **"我们不是必须要对抗。"** |

 写作练习

请设想一个让你烦恼的场景，在表4-4中按照上述四种沟通方式分别至少写出一句话来回应该事件。要有创意！尝试不同的风格，并注意当你以一种低风险的方式练习时，你有什么感受。

举例：你的兄弟未经你的允许就借用了你的车。在他把车开回来的时候，油箱里的汽油都用光了，挡泥板上还有凹痕。你将如何与他解决这个问题？

表 4-4 　　　　　　　　　　　沟通风格写作练习

| 被动型沟通 | 攻击型沟通 |
|---|---|
|  |  |
| 被动进攻型沟通 | 自信型沟通 |
|  |  |

## "我－陈述"

自信的一个关键方面是你知道自己有权表达你的愿望和需求。情感虐待的受害者有时会感到难以直言不讳地说出自己的感受或提出想要什么东西的要求。在这个练习中，使用清晰的、直接的"我－陈述"（I-statements）来表达你的需求。记住，询问并不意味着你是一个难以满足的人，表达需求也不意味着你很自私。

 写作练习

写出一个你可能会经常使用的间接的请求或表达，然后使用直接的"我－陈述"来将这个表达重写一遍。

举例如下。

- 间接表达："如果你能稍微再对我好一点就太好了。"
- "我 – 陈述"："我希望你能对我说话的语气更亲切一点"。"当你直呼我姓名时我不喜欢。"
- 间接表达："当你拿我的感受开玩笑时，就好像你觉得我有这些感受很愚蠢似的。"
- "我 – 陈述"："我有权表达我的感受，你可能并不认可，但我需要你尊重我的这些感受。"

间接表达

_____

_____

_____

"我 – 陈述"

_____

_____

_____

间接表达

_____

_____

_____

"我 – 陈述"

_____

_____

间接表达

_____

_____

_____

"我 – 陈述"

_____

_____

_____

间接表达

_____

_____

_____

"我 – 陈述"

_____

_____

间接表达

_____

_____

_____

"我 – 陈述"

_____

_____

_____

## 找到让你不自信的绊脚石

你有没有想过为什么在某些情况下你可以很自信，但是在有些情况下又会感到束手无策或困惑？也许你可以为了你的孩子的利益挺身而出，但在关系到你自己时又做不到这样。也许你可以直接走到那些虐待动物的人面前禁止他们的行为，却在请求老板批准你休假时双膝瑟瑟发抖。在你可以有自我主张以及不能有自我主张时，二者之间有什么区别？

有时，我们会对自己抱有一些无意识的信念，这些信念会潜移默化地影响我们的行为方式。这个练习能帮助你识别你可能会出现的任何无意识信念，并审视这些信念是如何影响你坚持自我主张的能力的。

✏ **写作练习**
_____

写下你自信的时刻。

_____

_____

_____

在这个时刻，你有什么想法和感受？

_____

_____

_____

在这个时刻，是什么让你决定那样说话或行动的？

_____

_____

_____

设想一个你想表现得自信却无法表现出来的时刻，到底发生了什么？

_____

_____

_____

是什么让你决定在当时不表达自己的态度？

_____

_____

_____

这两种情况的区别是什么？在每种情况下你是如何对自己说的？

_____

_____

_____

## 自我欣赏

如果你之前在试图表明自己观点时遇到了一些类似"这并不太好"的微词，请举手。"好"已经被用来作为一个非常有效的方式来压制和控制个体，并且对关于以何种方式和在什么时间表达需求是可以接受的给出了严格的定义。

无论男女，都会接收到强有力的关于社会和谐期望的信号。女性被期望成为善良、迷人、有亲和力、富有同情心、柔韧、随和的人。男性则被教导说，友善是用来与一个女人确定约会关系的不二法宝。

除了对性别的期望，少数群体在面对要求或虐待时也往往会承受一种不公平的负担，希望他们表现得好一点，以避免他们的主张被认为"过于激进"。

在这些情况下，人们被教导要表现出一张将真实感受伪装在看似"很好"的面具之下的虚假面孔。无论在什么情况下，个体都不可能是完全坦诚或真实的。美好是以牺牲诚实和真实为代价的。这并不是说展现真实的唯一方法就是表现得像一个傻瓜，而是说要尽可能地做到仁慈、富有同情心、诚实，以及不把"需要表现得好"置于你需求之上的一种真诚。

 写作练习

你收到了哪些关于友善的信息？写下你被教导了什么？

举例：如果我在工作中开了一个关于性别歧视的玩笑，人们可能就会认为我是个"害群之马"或"费米纳粹"[①]，我应该学会避免这些情况。（我应该表现得安静、和蔼可亲——也就是"好"。）

_____

_____

_____

_____

现在，请你为这些信息中的每一条都写一句反驳。

举例：如果我在工作中开了一个关于性别歧视的玩笑，我就是在设定界限，表达我的观点。我的想法和感觉是正确的。（我不需要压抑我自己的意见来安抚一位无礼的同事。）

_____

_____

_____

_____

## 倾听你作为一个取悦者的恐惧

被动型沟通的人常常担心自我主张会被视为自私的或咄咄逼人的。取悦者最大的恐惧就是害怕让别人不高兴。到底是什么让这种恐惧如此强烈呢？为什么让别人不高兴会让取悦者感觉如此糟糕？

---

① 费米纳粹（feminazi），社会学术语，是把英文的"女权主义"（feminism）与"纳粹"（nazism）组合创造出来的一个新词，意思是极端的、好战的女权主义者，又被称为"女权纳粹"。——译者注

通过这个练习，你可以去探索那些影响你对于讨好他人的需求的潜在恐惧。这个练习是根据一项被称为"内在家庭系统"（Internal Family Systems）的治疗模型中运用的技术改编的。当你在做这个练习时，你会发现同一个问题会被反复提到。请你每次都尽可能地以诚实、非讽刺性、非修辞性的方式回答。当你与自己内在的恐惧的部分交流时，请试着将你在第 3 章中发展出来的自我同情引导出来。

我们先从记住要在某个时刻你想表达自己的想法，且不害怕会引起别人的不快开始。仔细想一想你当时的感受。

 **写作练习**

如果你让对方不高兴，那么你担心或害怕会发生什么？请写在下方的横线上。

_____

_____

_____

倾听你的恐惧。也许你内在的一部分担心如果自己不做一个讨好者，对方就会生气。比如，如果你不听从母亲的吩咐，她可能就会生气。现在请怀着一颗开放且好奇的心问自己："如果这件事情发生了，那么这会不会给我带来什么不好的影响？"

 **写作练习**

在你给出的回答中，最糟糕的一部分是什么？请写在下方的横线上。

_____

_____

_____

再次倾听你的恐惧。也许这部分的恐惧是如果你的母亲生你的气，她就会认为你是一个坏儿子。请怀着开放且好奇的心问自己："如果这件事情发生了，那么这会不会给我带来什么不好的影响？"

✏️ **写作练习**

在你给出的回答中，最糟糕的一部分是什么？请写在下方的横线上。

_____

_____

_____

再倾听一次你的恐惧。也许这部分的恐惧在于，如果你的母亲认为你是个坏儿子，你就真的是一个坏儿子了。这将是最糟糕的事，因为作为一个坏儿子可能就意味着她不会再爱你了。

你内在的善良、有同情心以及耐心的部分害怕破坏现状，可能需要通过思考"最糟糕的部分是什么"来抵达关于引发你的讨好性行为的最深刻的恐惧。持续地为你恐惧的部分给予自我同情，并提醒那些恐惧的部分：无论别人做什么，你都可以爱自己并且照顾好自己。

> ### 反思性倾听
>
> 反思性倾听是自信型沟通的另一个方面——倾听对方的担忧。要练习反思性倾听，就要仔细地听别人说的话。等轮到你说话时，再镇定自若地重复你听到的内容。用让对方确切的言辞来表达你对其想法或感受的理解。这种倾听方式可以表明你正在关注对方，也很认真地对待对方。

## 使用重复短语

当你经历煤气灯效应时，过度地解释你自己并试图让煤气灯施虐者明白你的感受、想法或是记忆是准确的这件事是非常具有吸引力的。然而，这些都是徒劳的，因为煤气灯效应的作用是让你相信你自己错了。最有效的策略就是想出一个可以在需要重复时，一次又一次地使用的短语。

重复短语应该满足这两点：一是承认对方的立场；二是重申你的立场。

举例：

胡安："今晚你得在家带孩子，这样我才能去比尔家看比赛。"

埃斯梅："我知道你想让我今晚待在家里，但我今天已经有安排了，所以你需要找一个临时保姆照顾孩子。"

胡安："你太自私了！什么样的妈妈会不照顾自己的孩子？"

埃斯梅："我知道你想让我今晚待在家里，但我今天已经有安排了，所以你需要找一个临时保姆照顾孩子。"

胡安："我真的难以置信，你怎么了？你怎么会对自己的家人如此冷酷？"

埃斯梅："我能理解你的失望，但我确实已经有安排了，而且我也不会取消安排，你需要找一个临时保姆。现在我要出门了，等我回家后我会给你发消息的。"

 **写作练习**

创建至少三个重复短语，以坚定地坚持你自己的立场。

重复短语 1

_____

_____

_____

重复短语 2

_____

_____

_____

重复短语 3

_____

_____

_____

## 找到一个可行的妥协方案

自信并不意味着要一直坚持你自己的方式。自信的沟通包括考虑和尊重各方的需要和关切点。有时候，恰当的结果是在两个对立的需求之间找到一个可行性的妥协方案。要找到可行性的妥协方案，就要使用反思性倾听来确定冲突的需求，然后创造一个你认定的既可以满足你的需求又可以满足他人需求的还价空间。

注意，当你处于被虐待的情况下且施虐者试图向你施压时，你可能需要更加坚定地拥护你的主张。找到一个真正可行的妥协方案的前提是，在一段关系中至少要有最低限度的互相尊重。

这个练习能帮助你找到一种可行性妥协方案，让你在肯定他人需求时不会感受到压力。

举例如下。

- 我听说你很想跟我说一说这个情况，但是我需要先做完我手头的工作。你看看从现在开始我们预约 15 分钟之后进行，这样我可以全情投入，可以吗？
- 这周末我不能帮你照看狗，但是我有一个朋友经营了一家狗狗托管网站。
- 很抱歉，这个月我不能再借钱给你了。如果你愿意，那么我下周可以和你一起坐下来看看你的预算，也许我可以帮你找到一个将你的资金来源再扩充一点的方法。

写作练习

请求：

_____

_____

_____

_____

你的有效的妥协：

_____

_____

_____

_____

请求：

_____

_____

_____

_____

你的有效的妥协：

_____

_____

_____

_____

_____

_____

回 顾 与 总 结 -----------------------------------

回顾本章中的练习。

哪些内容最能引起你的共鸣？

_____

_____

_____

哪些内容无法引起你的共鸣？

_____

_____

_____

你现在感觉如何？在你开始读本章起，你的感受发生了什么样
的变化？

_____

_____

_____

你从这些练习中学到了什么？

_____

_____

_____

_____

# 第 5 章

# 第三阶段：建立边界

欢迎进入煤气灯效应恢复的第三阶段。本章介绍了如何在当前和未来的关系中建立边界。学习这个技能是你恢复过程中的关键，因为牢固、健康的边界是关系发展和加深的必要条件。

本章的实用练习和写作练习旨在帮助你识别和建立适合你的边界，我们将从探索边界以及边界对你来说意味着什么开始。你将通过本章学习如何识别你的个人价值观和边界，并学会如何不带内疚地说"不"。

你可能会发现建立边界的想法很可怕或是令你感到不舒服。如果你有这样的感觉那么是很正常的。你可能已经竭尽全力地避免引起施虐者的反感或不安了。违背控制者的意志，一定会让他感到不高兴。建立边界并不能保证施虐者的行为会有所改善，但是边界却可以帮助你确定什么是你愿意接受的，什么是你不愿意接受的，你将如何参与或不参与人与人之间的关系，以及你的底线在哪里。边界是一种赋权。

让我们开始吧！

---

**定义边界**

边界是将一个人、一个地方或一个事物与另一个人、另一个地方或一个事物分开的东西。你可以学会在许多不同的领域划定你的界限，包括物质财产、物理空间/参与、精神和情感上的投入、性生活、社会化，还有时间。

---

## 关于边界的误解和事实

关于边界的误解和事实包括什么呢？你可能听过许多关于边界是如何运作的以及边界是否有优势的说法。在这里，我们可能会纠正一些你可能会遇到的误解，并用事实来替代它们。

**误解**：建立边界会让其他人改变他们那些有问题的行为。

这是一种普遍意义上的误解，即认为建立边界是一种可以改变他人行为的方式。虽然这听起来是合乎情理的，但事实是你所建立的边界就是你自己的边界，而不是其他人的。

**事实**：建立边界定义了你的行为和选择，你无法控制他人的行为。如果你以控制他人行为为目的来建立边界，那么结果往往会让你失望。你无法控制他人的反应，你能控制的只有你自己的行为或选择。

**误解**：建立边界意味着我在筑墙，将他人拒之门外。

当你处于一段纠缠或虐待的关系中时，试图建立边界的行为很可能会被曲解为拒绝。

**事实**：边界更像是一道有大门的尖桩篱栅。你可以根据需要选择打开或关闭大门。建立健康的边界不意味着拒绝，而是与他人建立一种深思熟虑之后的选择性的关系。对于那些表现出尊重、关心、同情和爱你的人，你可以选择放松自己的边界。

**误解**：建立边界是残忍、有害、卑鄙的。你不应该对你爱的人说"不"。

施虐者可能会用卑鄙的诬告来让你感到内疚，从而达到其目的。制造内疚感的一种方式就是通过影射、暗示或直接宣称的方法来告诉你用任何方式拒绝他都是一种无情的行为。

**事实**：建立边界将教会他人如何与你在爱的关系中相处，以及允许你在关系中成为最好的自己。

恋爱关系并不包括彼此间的强迫和施压。当你设定边界并维护自己的时候，你就是在向对方表明你的尊重和关心，以及你也希望对方能够这样对你。当你足够爱自己，期望在人际关系中得到同情、尊重的对待时，你就会闪闪发光。

 **写作练习**

关于边界，你还听说过你本以为是事实的哪些误解？把它们写在下方的横线上，然后分别写一个事实来反驳它们。

误解 1

———————————————————————————————

_____

_____

_____

事实 1

_____

_____

_____

误解 2

_____

_____

_____

事实 2

_____

_____

_____

误解 3

_____

_____

_____

_____

事实 3

_____

_____

_____

_____

# 实用练习

## 价值观评估练习

边界是两个事物之间的界限，那么是什么使这些界限得以建立呢？就关系的边界而言，你是通过明确自己的个人价值观来确定边界的。通过评估自己的价值观，你就能知道什么是可以接受的，什么是不可以接受的。关系中的边界具有双重本质：（1）你是在哪里结束的，别人又是在哪里开始的；（2）你在关系中有什么是可以接受的，什么是不可以接受的。这个练习提供了一个机会来检验每种类型的关系的边界，并明晰你在每个领域的价值观。

### 物质边界

物质边界与你的财物有关——电话、衣服、钱、鞋子、汽车、电子产品等。你可能会对你借出的财物是被如何使用和处理的，以及如何处理它们被滥用的情况建立边界。在你需要自由获得个人财物的人际关系中，物质边界可能会受到挑战。

 **写作练习**

回答以下问题，评估你的价值观。

你愿意把你的财物借别人或给别人吗？是愿意、不愿意，还是要视情况而定？

_____

_____

_____

有没有什么东西是你不想分享、借出或失去的？你对拒绝有什么样的感受？

_____

_____

_____

你想如何表达你对财物的价值观？

_____

_____

_____

_____

**躯体边界**

躯体边界与你的身体、个人空间、隐私有关。当别人越过了你的躯体边界时，你有什么感受？你是如何保护自己的躯体边界的？在人际关系中，如果别人不尊重你的需求、个人空间、隐私时，或者你不得不与他人有一些身体接触时，你的躯体边界就可能会面临挑战。

 **写作练习**

回答以下问题，评估你的价值观。

在朋友之间、同事之间、家庭成员之间、亲密关系之间，你的躯体能接受的舒适度的水平分别如何？在这些关系中，哪种程度的躯体接触令你感觉不舒服？

_____

_____

_____

你对隐私的价值观是什么？你希望别人在你换衣服之前或用母乳喂养宝宝时离开房间吗？当你在使用盥洗室时，你可以接受有人隔着门和你说话吗？

_____

_____

_____

你想如何表达你对隐私的价值观？

_____

_____

_____

### 精神边界和情感边界

精神边界是指你有属于自己的想法和观点，可能与其他人的所思所想不同。情感边界是指你对事件的感觉和情绪反应。这些边界可能会在一些关系中面临挑战。比如，在一些需要你像其他人一样思考和感受、不重视独立性的关系中。

 **写作练习**

回答以下问题，评估你的价值观。

形成自己的想法和价值观（即使这与其他人的不同）有多重要？

_____

_____

_____

拥有自己的感受（即使这与其他人的不同）有多重要？

_____

_____

_____

当有人强迫你像他一样思考或感受时，你会如何回应？

_____

_____

_____

当有人试图让你感到内疚或是试图让你对他的情绪反应负责时，你的情绪边界也会受到考验。你会如何回应以这种方式挤压你的边界的人？

_____

_____

_____

**性边界**

从某种意义上来说，性边界与你在性表达、性行为和性参与方面的舒适程度有关。性边界还包括恋爱关系、你对性行为是否感兴趣，以及你对性行为的允许情况。你的性边界可能会受到他人的挑战。比如，强迫你做你不想做的事情的人、作为性伴侣但不体贴或很苛刻的人，或不尊重你的身体自主权的人。

 **写作练习**

回答以下问题，评估你的价值观。

你是如何表达自己的性欲的？你觉得对你来说什么是合适的？

_____

_____

什么样的性表达让你感到不舒服或者不正确？这种表达可能包括性行为、特定类型的关系（例如掌控／被掌控关系、开放性关系、一夫一妻制关系），或是特定的性别陈述（例如阴性／阳性、出生时赋予的性别、二元性别选择）。

_____

_____

_____

你想如何主张自己的性边界？你想如何对适合你的说"是"，对不想要的说"不"？

_____

_____

_____

### 社交和社交媒体边界

社交边界包括你在朋友之间以及在你的社交媒介参与之间的哪些状态是令你感到舒适的，哪些是令你感到不舒适的。这些边界可能包括你觉得自己适合参加哪些活动，你选择如何使用（或不使用）社交媒介，以及你在工作或学校之外如何安排时间。

 **写作练习**

回答以下问题，评估你的价值观。

友谊和社交活动对你来说有多重要？你是更加内向（通过独处来充电）还是更加外向（从与他人的相处中获得能量）？

_____

_____

_____

是否有某些特定的社交活动会让你觉得更舒服？又有哪些让你觉得不舒服？

_____

_____

_____

你使用社交媒介吗？如果是，你是如何管理它们（包括时间、平台、内容等）的？

_____

_____

_____

### 时间边界

时间边界是指你愿意给予他人、项目、工作或任务的时间。你的决定可能包括是否参加一个项目、选择参与项目的时间，以及你什么时候能完成这个项目。

**写作练习**

回答以下问题，评估你的价值观。

对那些要求你或期待你付出时间的人有什么样的感觉？

_____

_____

_____

_____

如果对你该如何给予或使用时间施加限制、安排或进行规定，你会感到舒适吗？你为什么会有这样的感受？

_____

_____

_____

_____

你觉得别人有权支配你的时间吗？如果是，那么谁可以这么做？

_____

_____

_____

_____

## 探究某种情况在你的边界范围内是否适用

在你决定一个请求是否在你的边界范围内适用之前，你需要先了解一下这个请求是否符合你的价值观。在这个练习中，请基于本章前面的价值评估练习选择一种情况（无论是真实的还是想象的）回答下列问题，以探究这种情况在你的边界范围内是否适用。

 **写作练习**

在这种情况下，你的价值观是什么？

回顾在这种情况下对你的个人价值观的测试、质疑或者契合度。这种情况支持了哪些价值观，又挑战了哪些价值观？

_____

_____

_____

_____

_____

这种情况下需要采取的行动是否符合你的价值观？

行动可能包含以特定的方式行事或是拒绝以某种特定方式为之。你是如何依据自身的个人价值观来决定做还是不做的？

_____

_____

_____

_____

_____

当被要求做某事的时候，你的感觉如何？

你觉得你能公开地、轻松地并和善地满足这个要求吗？这样做
会让你感到内疚吗？会让你感到愤恨吗？

_____

_____

_____

_____

你在说"是"或"否"的时候感觉好吗？

你有一种感觉真实的本能反应吗？当你想说"不"的时候，你
是否觉得说"是"有压力？你是否需要更多的时间去思考这个
问题？

_____

_____

_____

_____

_____

## 边界绘制练习

这个练习能帮助你创建一个当前边界的可视化描述，以及对未来的展望。你当前的边界可能分为三种类型——脆弱、僵硬、健康。图 5–1 展示了对每种类型边界的可视化描述。

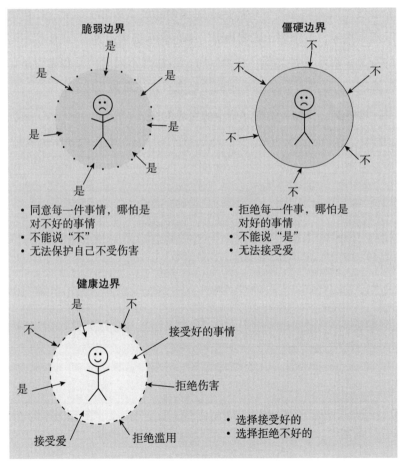

图 5–1　三种类型的边界

　　无论是人还是关系都是复杂的，你的边界可能是多种类型的组合。比如，你对待子女的边界可能是脆弱的，而你对配偶的边界又可能是僵硬的。又如，你对同事的边界可能是脆弱的，你对家人的边界则可能是僵硬的。

　　绘制一张最能代表你当前边界的边界类型（或类型组合）的图。你可以使用不同的颜色来描述不同类型的关系边界（例如，红色表示僵硬边界，黄色表示脆弱边界，绿色表示健康边界），或使用不同的符号来表示每种类型。在绘制时，请注意不同的关系和类型是如何影响你的。关于你绘制出来的这幅图，你注意到了什么？

　　接下来，绘制一幅你期望中的边界的图。

写作练习

第二幅图和第一幅图相比有什么区别？你需要做出什么样的改变才能让第二幅图成为现实？

_____

_____

_____

_____

_____

_____

_____

_____

## 揭露使你内疚信息

煤气灯效应施虐者可能会通过传递使你内疚信息来表达他对你的边界的不满。这些信息是为了让你相信你冤枉了他，这样你就会回到你之前的被动状态。使你内疚信息也被用来掩盖施虐者对你的边界的真实感受，无论那些信息代表的是愤怒、悲伤、怨恨，还是伤害或恐惧等。一旦你认识到使你内疚面具背后的真实面目，你就可以问自己一个非常重要的问题：这种信念是源于我自己的念头，还是别人的？

### 可能会影响你建立边界的内疚想法和感受

由于存在着强烈的内疚感，因此许多虐待关系的幸存者都很难设定边界。他们相信这些荒诞的事，认为建立边界就意味着他们是自私、残忍或决绝的。以下列出了可能会影响你建立边界的内疚想法和感受。圈出或标记出任何能引起你共鸣的东西，并写下这些想法和感受是如何影响你在人际关系中建立边界的能力的。

- 说"不"是很刻薄的；
- 照顾好我自己意味着我不符合集体利益；
- 如果我不表现得讨人喜欢，就没有人会喜欢我；
- 如果我爱一个人，就应该愿意为他做任何事情；
- 凡事最先想到自己是自私的；
- 当我知道有人需要某样东西的时候我就会感觉很不好；
- 我不想伤害别人的感情；
- 其他人的需要比我自己的需要更重要一些；
- 如果我不帮忙，就意味着我是个冷漠无情的人；
- 如果我建立了边界，我的老板就会报复我；
- 我的伴侣跟我说我是他的一切，所以我也应该觉得他是我的一切才对；
- 我不应该有想要什么东西的心理，我应该感激我已经拥有的一切；
- 我不想因为我说了"不"而让别人的生活更艰难；
- 我说"是"，是因为这是作为朋友应该做的，即使我并不真的想这样做；
- 我不想因为有自己的需求而使之成为一个负担；
- 如果在我试图建立边界时令别人感到不舒服，那一定是我做错了什么；

- 无论出于什么原因，我都不会对家里人说"不"；
- 要是我把时间花在自己身上，就是在占用花在孩子们身上的时间；
- 我并不真的想借钱给我妹妹，但是感觉我不能说"不"；
- 凡事先满足自我需求的人是自恋的；
- 要是凡事先满足自我需求，就会对别人不公平；
- 我欠这个人太多了，所以我不能对他说"不"；
- 边界是很苛刻的，我觉得我应该更灵活一些；
- 我感觉我在竖起一堵墙；
- 如果我不妥协，我就会变得像我的施虐者那样。

 **写作练习**

在上述陈述中，哪些能引起你最强烈的共鸣，哪些无法令你产生共鸣？

_____

_____

_____

_____

_____

_____

_____

_____

内疚感是如何使你难以在生活中建立边界的？

_____

_____

_____

_____

_____

_____

_____

## 家庭故事

你的原生家庭对于边界有什么看法？在你处于童年期、青春期和成年期时，你的家人是否支持你发展独特的个人观点？抑或是无论你有什么样的信念，你都需要遵守家庭或父母的期望？不同的家庭成员是否有不同的规则？

---

### 案例

弗兰克叔叔是个典型的"宅男"。他一直和奶奶住在一起，直到奶奶去世。他曾想搬出去和女朋友一起住，但家里的其他人让他觉得自己好像要抛弃了奶奶一样，于是他便留了下来。

\* \* \*

---

> 我想去国外读大学，我的母亲听后哭了，她说我伤了她的心，所以我只好就近读了社区大学，并且住在家里。哪怕是我在外面待久了，我都会觉得自己是个坏女儿，因为她会一直等着我并告诉我她有多么担心我。

 **写作练习**

请在下方的横线上写下你的家人对于你或其他人试图建立边界或个体人格尝试的反应。

_____

_____

_____

_____

## 成长史时间线 2

在第 4 章中，你曾创建过一个属于你个人成长的时间线。在这个练习中，你将创建一个探寻你的个性化发展的时间线旅程。从你的童年期开始，创造一个可视化的、通过发展阶段展示从建立、考验到调整边界的过程。比如：在童年期，如果你在家里或学校没有按照要求行事，就可能会遇到很多考验；在青少年期，可能除此之外还会遇到尝试新发型、兴趣爱好以及进入新的朋友圈等的考验；在青年期，你可能要做一些关于高等教育、职业规划以及约会伴侣等的决定。当你注意到每个发展边界的转变时，也会注意到你的家人是如何回应的。在你不想拥抱一个远房亲戚时，你的父母是会鼓励你说"我不想，谢谢"，还是会说拒绝拥抱是不礼貌的？在你 18 岁文身后，你的父亲是会威胁说要把你赶出家门，还是会支持你找到属于自己的自我表达方式？

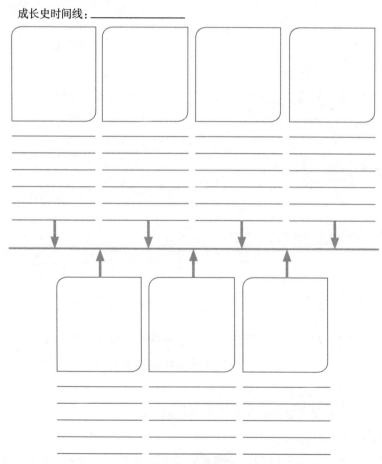

图 5-2　成长史时间线

## 边界轮盘

当你不清楚你的职责是什么（或不是什么）时，会很难建立有效的边界。边界最终还是要归属于哪些是在你的可控管理范围内的，哪些是别人需要管理的。煤气灯效应会模糊边界。煤气灯效应施虐者会通过强迫你为不该你负责的事情负责来从中获益。边界轮盘（见图 5-3）能帮助你弄清哪些是在你的控制内（你应该负责）的事，哪些是不在你的控制内（你不该负责）的事。

图 5-3　边界轮盘

**写作练习**

你觉得这个可视化图如何？你的边界线在哪里变得模糊了？你可能需要怎么做才能把属于别人的责任还给别人？

_____

_____

_____

## 我的责任 vs 不是我的责任

在任何关系中建立边界的核心都是明确区分自己和另一个人。从本质上来说，边界会提出这样一个问题："这是我的责任，还是不是我的责任？"在这个练习中，你将检验一系列的片段，并评估呈现出的问题或担忧是属于你自己的还是其他人的？

### 监护的难题

你的前妻在周末把孩子们接到了她家，已经过了你们事先约定的带他们回家的时间两个小时了，她还没把他们送回来。于是，你发消息问她什么时候带他们回来，因为孩子们第二天还要上学，她本应该在吃晚饭的时候带他们回来的。你的前妻反击，指责你试图缩短她和孩子们相处的时间，还说你在试图控制她。

你感到非常生气，但你试图冷静地提醒她，监护协议规定了孩子们需要在什么时候回家，而你只是在遵守协议而已。你的前妻责备你，因为她觉得她已经快要和孩子们没什么共同话题了，说你把遵守规则放在了建立关系之上。你感觉到很糟糕，因为你知道孩子们很想念她，可你又不确定你要求她遵循监护协议是不是做错了。

 **写作练习**

谁应该对你的前妻和你们共同的孩子之间的关系负责？

_____

_____

_____

出现这种情况，有没有可能并不是你的责任？

_____

_____

_____

在这种情况下，你有什么责任？

_____

_____

_____

### 收拾残局

你的老板再一次要求你今天熬夜加班，因为你所在的团队中有一个伙伴的工作进度落后了。就算你熬夜加班也不能得到加班费，但老板又要求你的工作必须按时完成。你知道这个项目很重要，但是你对老板要求你去替别人收拾残局的期望感到不满。"如果杰瑞做了他应该做的事情，我就不至于这周第三次大晚上的只能吃便利店的食物了。"你坐在你的桌子后面抱怨道。你的妻子可能也会因此感到很生气，但是你又能做什么呢？

 **写作练习**

谁应该对这项工作项目的延迟负责？

_____

_____

_____

对于这种情况，其他人的担心是什么？

_____

_____

_____

在这种情况下，你有什么责任？

_____

_____

_____

### 你弟弟的监护人

你父亲因为你弟弟的文身和对他的顶撞感到愤怒。你弟弟已经20岁了，但是你父亲仍然希望得到你弟弟的尊重和完全的服从。当你没有和你父亲一起谴责你弟弟的决定时，他会对你生气并指责你，说你鼓励你弟弟违抗命令。你父亲还说，文身只是开始，以后你弟弟要是因为吸毒而无家可归时，就怪你当初没有在这件事情上和他保持一致。之后，你弟弟又给你打电话，质问你为什么不劝说父亲让步。现在，你变得里外不是人。

 **写作练习**

谁应该对你弟弟想要文身这个决定负责？谁该对你父亲的情绪反应负责？

_____

_____

_____

在这种情况下，你的边界受到了什么样的挑战？

_____

_____

_____

在这种情况下，你有什么责任？

_____

_____

_____

_____

## 边界是为谁服务的

许多人试图建立边界，并期望以此避免受到他人做的一些伤害性或令人烦躁不安的事情的干扰（参见"关于边界的误解和事实"）。问题是，我们无法控制他人的行为，以改变他人为目标建立边界往往会我们让自己失望。

事实上，边界并不是与他人有关的——它是关于你以及你在一段特定关系中需要的空间。边界让其他人知道，对于你来说什么是可以的，什么是不可以的。它们定义了你的终点和他人的起点。它们还会传递出如果其他人无视你的要求做出一些令你感到厌烦或不尊重的行为时，你会怎么做。

出于这个原因，它们应该主要被构建为"我－陈述"，以传递你在特定的情况下你将会如何做（回顾第4章中的"我－陈述"部分）。比如，"当你评论我的体重时我感到很难受，如果你一直这么做，我就只能结束这个谈话了"。这种直接的陈述传递出他人是如何越界的（发表一些不受欢迎的或是带有伤害性的评论），这些言语是如何影响你的（伤害感情），以及当其他人不尊重你说要停下时你会如何反应（结束对话）。

## 建立边界的基本规则

除了关注你自己在一段关系中的参与程度外，边界还应该遵循一些通用的准则才能生效。以下是建立边界的四个最基本的准则。

### 1. 明确定义

清晰地陈述问题，类似于"你很卑鄙"这种含糊其词、过于笼统的说法没有什么帮助。你可以通过命名来识别问题行为。"以牺牲自我作为代价来开残忍的玩笑是卑鄙的"能帮助你更清楚地定义问题行为。

### 2. 具体一点

"你总是这样做 / 你从不那样做"的说法太宽泛了，不能有效地表达问题的范围。描述特定的行为、情况或期望会强化你的姿态。比如，"你就在我的面前打了一下门，然后你又否认你碰过那扇门"。

### 3. 使用"我 – 陈述"

记住，边界是与你相关的和用来定义你的空间的。可以从身体、心理、情感或其他方面来使用"我 – 陈述"，以表达问题行为是如何侵犯你的空间的。比如，"当我已经要求你停止，但你还在继续逗我笑时，我感到愤怒和不被尊重。如果你再逗我笑，我就会起身离开"。

### 4. 设定可持续性的后果

建立边界包括设定如果你设定的边界被忽视时的后果，即如果有人不尊重你设定的边界你会怎么做。准备一个你能始终如一地维持的后果。比如，与其说"如果你再这样跟我说话，我就再也不会跟你说话了"，不如说"如果你在我要求你不要误解我的性别后你还这么做，我就会离开"。

### 低接触

尽管我们并不希望是这样的，但确实有人不愿意尊重或回应你设定的边界，无论你多么坚定，又或是你设定的边界有多么合理。在这些关系中，你可以考虑通过减少与那个人的接触来防止潜在的伤害。

通过限制与施虐者相处的时间，可以降低持续遭受虐待的可能性。在低接触的关系中，你可能会跳过大多数社交功能，但能通过偶尔的电话、电子邮件或短信保持轻松的联系。对你的亲属、必须共同承担抚养子女义务的前任，以及无法完全避免的同事来说，低接触可能是一个不错的选择。

低接触到极点就是不接触，即切断或结束一段关系。你不会接触到对方，也不会对他们的接触做出反应。你可以完全避免出现在可能看到他们的场合。在极端情况下，你可能会通过搬到另一个城市来远离这个人。不接触这种方式，通常建议在一些严重的、持续性的和顽固不化的虐待情况中实施。

## 10 种说"不"的方式

许多人一直在跟说"不"做斗争，因为他们觉得自己这样很卑鄙、自私或漠不关心。事实上，建立边界一点都不自私。保护你的时间、精力和空间，可以让你在选择时间时更从容，也能更加符合自己的意愿。

坚定的"不"比所有的勉强的"是"都要好，以下有 10 种说"不"但并不代表自私的方式：

- 不；
- 这对我不起作用；

- 对不起，我做不到；

- 我不能做这件事，但我可以做另一件事；

- 这对我来说感觉不对；

- 对于那件事，我感觉不行；

- 也许下次吧；

- 感谢你的请求，但是我不得不说"不"；

- 不，谢谢；

- 我宁愿不要。

 **写作练习**

你还能想到其他说"不"的方法吗？请在下方的横线上写一些备选方案。

_____

_____

_____

# 处理退行

## 你需要留心的情况

### 飞猴

"飞猴"（flying monkeys）的名字来自故事《绿野仙踪》（*The*

*Wizard of Oz*），是侍奉西方恶女巫的动物。在这个故事中，西方恶女巫派遣她的动物们骚扰并抓住多萝西，指派它们让多萝西为她做脏活、累活。在人际关系中，飞猴充当了中间人的角色，试图把新独立出来的朋友或家庭成员重新带回去。

飞猴通常代表煤气灯效应施虐者的联系人或传达应煤气灯效应施虐者要求的人。他们可能会利用受害者的同情心和内心对更健康关系的渴望，对受害者施压、羞辱、操纵或是哄骗，从而把受害者带回施虐者的影响之下。虽然飞猴可能会认为自己是和平缔造者或调解人，但他们通常充当的却是那些不想让受害者离开的施虐者的控制器的角色。

---

## 案例

阿玛丽觉得必须跟母亲划清界限，她再也无法忍受母亲对她的被动攻击性的评论，以及含糊其词的批评和指责。这将是她第一个不和母亲一起度过的圣诞节。尽管她知道她不去跟母亲一起过圣诞节的决定是正确的，但是她还是感到了深深的悲伤。

圣诞节前几天，阿玛丽接到了她的姨妈的电话，问她是不是要回家过圣诞节。当阿玛丽解释说她需要她的母亲给她一些空间的时候，她的姨妈指责她不该用让母亲独自一人过圣诞节的方式来惩罚她的母亲。阿玛丽挂掉电话哭了。第二天，她又接到了另外一通电话——这次是来自她的外婆。"阿玛丽，"她的外婆说，"你的母亲的确不完美，但是你这么做真是太过分了，你需要回家跟她好好谈一谈。"亲戚的电话和短信一直持

---

续到圣诞节的前一天，但阿玛丽的母亲却一直没有给她打过电话。

阿玛丽就经历了一种来自她的姨妈、外婆和其他亲戚的飞猴体验。

 **写作练习**

你在关系中经历过飞猴体验吗？请在下方的横线上写下你的经历。

_____

_____

_____

### 站队暗示

站队暗示是一种隐晦的或不明显的信息，它能将你带回到煤气灯效应施虐者影响范围内的通常位置上。如果飞猴们在唤起你的同情心的方式行不通时，就可能会采用站队暗示的方式，以试图让你因羞愧而屈服。

## 案例

雅各布小时候跟父亲很亲密，但他们的关系在父亲滥用药物后变得紧张了。他已经多次为他父亲的酒驾和其他危险行为做了掩护，但他最终决定不能再继续这样了。当他的父亲又一次因为酒驾而被卷入交通事故中时，雅各布没有站出来帮忙。他的父亲叫了雅各布的弟弟赛斯开车把自己的车从沟里拉出来。

当晚午夜过后，当赛斯怒气冲冲地出现在家门口时，雅各布猝不及防。赛斯质问他："你怎么能丢下我一个人去处理父亲的事情，而你却坐在沙发上看电视呢？我花了好几个小时才把他的车从沟里弄出来，确保他没有脑震荡，而你连帮个忙都不愿意吗？你怎么会这么自私？我简直觉得难以置信，你连自己的亲人都不帮忙！"雅各布提醒赛斯，这么多年来他一直都在毫无怨言地在处理这些事，但赛斯却并不关心。"你不能抛弃家人，"赛斯生气地说，"如果再发生这种情况，你最好出来帮忙，否则全家人都会知道你是一个什么样的人。"

赛斯羞辱了雅各布，指责他自私，并试图迫使他回到自己作为家庭生活执行者和问题解决者的老角色中。

 **写作练习**

你在人际关系中遇到过站队暗示吗？请在下方的横线上写下你的经历。

_____

_____

_____

### 留心不易察觉的迹象

当你在一个糟糕的边界人际关系中长大或是花费了大量时间处理这样的关系时，很难识别出你的边界是在什么时候不被尊重的。而且在你这么做的时候，有时还得不到理解，就如同在沙滩上画一条线并告诉某人不要再往前迈一步，然后你眼睁睁地看着他跨过了那条线，一边问"我就这样，你奈我何"，一边还像跳踢踏舞一般招摇。

留心这些不易察觉的迹象，可以帮助你了解你的边界是在什么时候在无意识的情况下受到挑战的。想一想某件事是如何在某个时刻让你感到不舒服，或是不明所以的情况下就犯错了，抑或是它本身就毫无意义。你可能有一些模糊的感觉，觉得有些事情不对劲，但又不太清楚到底是哪里出错了。你可以借助以下问题来检索一下记忆。

 **写作练习**

在那样的情况下，你有什么样的情绪？

_____

_____

在那样的情况下，你有什么样的想法？

_____

_____

在那样的情况下，你有什么躯体上的感觉？

_____

_____

_____

在那样的情况下，你的哪些价值观被忽视、被淡化或不被尊重了？

_____

_____

_____

### 踩踏边界

反过来讲，踩踏边界是非常不易被察觉的。当有人将你建立的边界解释为对他的冒犯时，就可能会出现踩踏边界的情况。踩踏边界者坚信他的意愿和欲望可以取代其他的一切事情。他会将你设置的界限视为一种挑战，并会在最后踏过边界引起你的反应之前多次试探。施虐者可能会利用你的反应来对你施加煤气灯效应，尤其是在他将你的反应描述为过度时。

踩踏边界的一些示例包括：

- 婆婆无视你关于如何喂养宝宝的指示，在你告诉她宝宝还没有做好吃固体食物的准备之后，还给宝宝吃冰激凌；
- 在餐厅坚持为你点菜的男朋友，虽然知道你讨厌吃海鲜但还是总给你点海鲜，他确信如果你像他一样（被迫）吃了足够多的海鲜，你就会爱上海鲜的；

- 朋友向你借车后，更改了你之前预定的电台或是你之前付费订阅的卫星广播节目；
- 你的老板通过不停地给你发电子邮件或是打电话，让你在休息时间反复处理工作问题，直到你停止手头的事情来处理那项工作为止。

 **写作练习**

在你的生活中，你遇到过什么样的踩踏边界的情况？

_____

_____

_____

你是如何做出回应的？

_____

_____

_____

## 你可选的三种对策

本章最后的几个练习探讨了在你的生活中，人们是如何用不同的方式来不遵守你设定的界限的情况。

当你的边界不被尊重或是被忽视时，这个练习提供了三个选项帮助你做出回应，即参与其中、脱身，或是战略性撤退。

### 参与其中

有时你可能会对别人讲解一些事情，你会指出他是如何跨越边界的，解释一下为什么尊重你的安排很重要，或是提醒他如果他不停止他正在做的事会有什么后果。如果他争论或问为什么这如此重要，那么你可以解释一下或是简单地重申你的立场（回顾你在第4章写下的"使用重复短语"并做出回应）。

 **写作练习**

想象在某个情景下，你的边界被打破了，你想要去参与其中。

_____

_____

_____

_____

_____

### 脱身

有时有人会挑战边界，且你知道与他讨论这种情况并不会有任何收获。你可以通过挂断电话、走开、不回复短信或是改变话题来脱身。当一个煤气灯效应施虐者试图通过挑战你对事件的看法来激怒你时，你可以通过陈述来脱离："我们对于发生的事情的记忆不一样，似乎没有必要继续讨论这个问题。"

写作练习

想象在某个情景下，你的边界被打破了，你想要脱身。

_____

_____

_____

### 战略性撤退

当你知道你将要进入一个存在着煤气灯效应施虐者、飞猴、站队暗示、踩踏边界等情况的情景中时，可以考虑给自己留出一个战略性撤退的空间。把车停在停车场出口附近，或是站在门口附近，这样你就可以选择离开。如果分歧不断升级并让你感到不安，你就没有义务留下来继续被虐待。

 写作练习

想象在某个情景下，你的边界被打破了，你想要战略性撤退。

_____

_____

_____

_____

_____

_____

## 构建你自己的历史

凡事都有第一次，包括建立边界。想一想你之前想在关系中建立边界的尝试。即使你认为自己做得并不好甚至是失败了，那些早期的尝试也能为你学习如何保留自己的空间埋下伏笔。

 **写作练习**

过去你曾试图建立过什么样的边界？

_____

_____

_____

你之前的尝试进展顺利吗？

_____

_____

_____

在什么方面进展不顺利？

_____

_____

_____

你现在可以做哪些不一样的事情吗？

_____

_____

在这样的情况下，你对自己和其他人有什么了解吗？

_____

_____

你现在想在生活中建立什么边界？

_____

_____

知道自己在做什么之后，你现在能做哪些不一样的事？

_____

_____

_____

## 允许自己离开 / 留下来

当虐待持续性存在，且所有事情发生改变的可能性几乎为零的时候，你可以将战略性撤退变成永久性撤退。虽然社会上有很多关于家庭、奉献、集体利益的说辞，但你的安全和幸福感才是第一位的。这个决定是困难且非常痛苦的，但的确有一些关系无法挽救。对你来说结束一段关系需要经历什么？你在沙滩上画的那条线在哪里？你需要对自己说什么才能让你觉得自己可以摆脱一段虐待或破坏性的关系？

**写作练习**

你在沙滩上画的线是什么？

_____

_____

你允许自己离开，是因为什么？

_____

_____

_____

对于有一些关系，你可能感到无法离开或不愿意离开。如果你
选择留下来，就请思考你需要那段关系看起来像什么样子才能保证
你的安全。你如何让你所在的情景成为尽可能好的情景？

 **写作练习**

你留下来的理由是什么？

_____

_____

你允许自己是什么样的？

_____

## 可视化冥想

有时你可能无法避免与那些挑战你的情感和精神边界的人相处。此时，可视化冥想的方法可以帮助你记住你不需要接受他对你空间的介入。在你见到边界介入者之前，或是当你感觉到他正在挑战你的边界时，你可以进行这个简短的冥想。

可以从对于你皮肤的物理边界的觉察开始。注意在你的身体空间中是如何出现一条清晰的线的，它是从哪里开始以及在哪里结束的。接着，想象你的皮肤上有一种透明、柔韧但坚固的覆盖物，覆盖物是透气的，允许空气和积极的能量流向你，同时又能抵抗消极的能量。然后，想象一个清晰的圆柱体或圆顶在边界介入者上方下降，圆顶是密封的，这样可以防止边界介入者离开他确定的空间，进入你的空间。他所带来的消极能量、煤气灯效应的影响、那些给你带来的内疚感，以及其他一切操作都被圆柱体或圆顶控制在穹顶内。尽管它们可能会试图突破圆顶并侵入你的边界，但你的隐形覆盖物会保护你。最终，无论它们带来什么能量，都会被留在穹顶内。

## 确认你的空间

创造至少五个主张或"魔咒"，用来支持你占有和保持空间、建立边界，以及成为一个独立个体的权利。说出你对生活方式的追求，向宇宙或一切能够引起你的精神共鸣、向能支持你的边界的事物表示感谢。

示例：

- 我值得在生活中建立边界来服务于我；
- 每天我都会越来越清楚我想要的和需要的边界是什么样子的；
- 我可以很容易地传达我的边界并使它们受到尊重。

## 写作练习

轮到你了：

_____

_____

_____

_____

_____

_____

## 回 顾 与 总 结

回顾本章中的练习。

哪些内容最能引起你的共鸣？

_____

_____

_____

哪些内容无法引起你的共鸣？

_____

_____

_____

你现在感觉如何？在你开始读本章起，你的感受发生了什么样的变化？

_____

_____

_____

你从这些练习中学到了什么？

_____

_____

_____

第三部分

# 从创伤中康复

　　从煤气灯效应中康复是治愈你在虐待关系中受到的伤害的最终目标。在你认真读过前面几章的内容后，想必你已经发展出了关于你是如何被煤气灯效应伤害、你的痛苦如何影响你的人际关系，以及如何保护自己以避免受到进一步虐待的领悟力。现在，轮到你把注意力转向你体内那些准备好接受治愈的地方了。本书的第三部分主要聚焦通过自我照顾的练习，以及学习健康的关系看起来和感受起来是什么样子的来进行治愈。

# 第 6 章

# 自我照顾

在你进入本书的最后阶段时，请花点时间为你迄今为止所做的艰苦努力祝贺。你已经学会了通过煤气灯效应的特征、症状和持续影响来识别煤气灯效应。你已经探索了煤气灯效应对你个人的影响，并开始通过培养自我同情、自信和重建自尊来治愈。从受害者到幸存者的旅程可能很坎坷，你应该为自己在这段旅程中的每一步感到骄傲。

在本章中，你将制订一个支持你自我成长和痊愈的自我照顾计划。本章中的一系列练习都旨在帮助你明确自我照顾的需求，找出自我照顾的障碍，从而养成一种更健康的生活方式。

**记住，满足自己的需求不是自私的**。用这种方式照顾好自己对于成为一个完整的、健康的人来说至关重要。不过，知道你可以做某件事和知道如何做某件事是完全不同的。这就是本章的目的——为你提供新的见解、新的想法，以及自我照顾的新选择。

让我们开始吧！

## 自我照顾的领域

自我照顾包括五个主要的领域：躯体的、心理的、情绪的、心灵的，以及关系的。

**躯体的自我照顾是指照顾你的身体**。这种照顾包括保证充足的休息、吃有营养的食物、喝足够的水、进行足够的运动、治疗疾病或损伤，以及进行积极的身体接触。

**心理的自我照顾是指照顾你的精神**。这种照顾包括学习新的东西、挑战和改变有问题的思维模式、开拓观点。从像工作这样的脑力劳动中获得休息，并用你喜欢的方式使用你的大脑。

**情绪的自我照顾是指关心你的内心感受**。这种照顾包括联结和认可你的感受，治愈情感的创伤，建设性地表达你的感受，以及做一些让你的内心充实的事情。

**心灵的自我照顾是指关照你的心灵**。这种照顾可以（但不是必须）包括宗教信仰和实践。心灵的自我照顾包括冥想、正念、设定意图、肯定，以及练习感恩。

**关系的自我照顾是指在关系中照顾自己**。这种照顾包括决定与谁共度时光、在伴侣关系中保持你的个性、培养爱的关系，以及结束或改变有害的关系。

你可能会注意到其中几个领域的重叠。人是复杂的和多面的，正因为这些领域是互相联系的，所以在一个领域照顾自我可以在另一个领域中产生正能量的连锁反应。比如：在皮肤上涂抹有香味的乳液可能会让你的皮肤感觉柔软，同时也能唤起与气味相关的愉快回忆，让你感觉到快乐且满足。读一本好书可能会让你敞开心扉、接受新的观念，带领你经历一系列的情感体验，并在下次社交聚会上给你带来一些谈资。

这个练习可以帮助你为自己确定的一些活动建立一个自我照顾的主要领域。如果你的练习涉及多个领域，那么你也无须担心，因为这只是意味着你在自我照顾上付出了更多！

 **写作练习**

请写下你最喜欢的五种自我照顾的方式。你最喜欢的领域是什么？有没有一些你目前忽略了的领域？

_____

_____

_____

### 自我照顾更重要

要想真正有效，自我照顾可能就需要比整个周末都躺在沙发上刷手机做得更多。偶尔的懒散日可能很有趣，但这本身还不足以帮助你振作精神和恢复元气。当你开始建立你的日常自我照顾时，牢记以下核心原则。

- **联结**：自我照顾的核心与你的需求、愿望和幸福感相关。如果你的自我照顾不能让你自己感到更舒适，你就可能需要进行调整。
- **积极主动**：自我照顾是一个积极主动的过程，是你日常生活的一部分，而不是在你已经累了的时候才想起

它。每天采取一些小措施来积极地照顾自己，而不是
等你感到不知所措且筋疲力尽的时候再去做。

- **恢复活力**：自我照顾应该是恢复你在其他事情上花费
  的精力。即使你的自我照顾的方法让你的身体感到疲
  惫，你也应该在精神上感到神清气爽。

- **拓展**：自我照顾会随着你的成长而加深。作为一个积
  极的、不断发展的过程，自我照顾的方法会随着你的
  成长和发展而改变。如果你通常的自我照顾的方法让
  你感到无聊、停滞不前或一成不变，那么是时候尝试
  一些新的东西了。

## 躯体的自我照顾

### 休息、康复，以及恢复精力

如果你通过随机抽样的方式调查一下人们是如何进行自我照顾
的，那么相当大的一部分人会将"休息"定义为他们的最爱之一。
工作、学校、锻炼、爱好、家庭义务、社交约会、社交媒体帖子、
家务、通勤时间、跟进新闻……无论在哪一天，你从早上睁开眼睛
到晚上闭上眼睛，都可能被忙碌和活动淹没。作为这个社会中的一
员，我们越来越忙碌，越来越焦虑，越来越疲惫。

难怪有这么多人渴望休息！休息是练习躯体的自我照顾的一个
核心要素。得到充足的休息能让我们恢复体力，感到精神焕发。可
以用下列问题来衡量你是否得到了足够的休息。

**写作练习**

你每晚需要睡多少个小时才能真正得到休息，并做好早上醒来的准备？

_____

_____

_____

你实际睡了多少个小时？

_____

_____

_____

如果你睡眠不足，那么是什么干扰了你的睡眠？

_____

_____

_____

至少说出一个你可以立即实施的行为改变，以改善你的休息（例如：睡前一小时不接触电子屏幕，如果必须要使用，就用蓝光滤镜；下午 1 点以后不摄入咖啡因；等等）。

_____

_____

_____

休息不仅仅意味着睡觉。从疾病或受伤中抽出时间来疗伤、安静地坐着冥想、停下来慢慢深呼吸，这些都可以让你的身体得到休息。说出至少三种其他的休息方式。

_____

_____

_____

### 行动起来

与此同时，你的躯体还需要动起来。无论你的运动能力、体能 / 灵活性或制约性程度如何，找到让自己的身体动起来的方法也是一种自我照顾的手段。即使对于那些有身体残疾和纤维肌痛等慢性疼痛状况的人来说，每天做一些运动也可以显著改善症状。

 **写作练习**

可以借助下列问题激发你对躯体的自我照顾。

你喜欢什么样的体育活动？活动并不一定意味着非常正式的锻炼，任何能让你动起来并且感觉良好的事情都可以。

_____

_____

_____

你多久参加一次这些活动？

_____

_____

如果你并不经常参与活动，那么是什么阻止了你？

_____

_____

_____

至少说出一个你可以立即实施的且能增加你 10% 的体力活动的行为改变。

_____

_____

_____

有时，人们害怕参加让他们觉得有挑战性的体育活动。不过即使很难，追求挑战也是振奋人心的！

**写作练习**

确定至少一项你觉得有挑战性甚至是点可怕的体育活动，并制订计划，至少在下个月尝试一次。

举例：

本周五下午 6 点，我将在当地的攀岩馆参加一堂初学者攀岩课。我会把运动服装好后放在车里，这样我就可以在下班后马上去上课了。

_____

_____

_____

## 心理的自我照顾

### 休息一下

你可能听过（并使用过）"发呆"这个词来描述精神休息的做法。发呆是从事务中抽离并进行心理休憩的有效方法，但还有其他方法可以实现这个目的。可以借助下列问题探索心理休息的其他方式。

 **写作练习**

你觉得什么样的任务或情况会让你精神枯竭？

_____

_____

_____

你在什么时候会觉得自己的精神需要休息一下？你在什么时候觉得精神上最疲惫？

_____

_____

_____

你的思维在什么时候会不受控制？

举例：

我在晚上必须将我的工作清单在脑海中再回顾一遍，看看我有没有错过什么，我根本控制不了。

_____

_____

_____

至少说出一种方法，让自己在不发呆的情况下得到精神上的休息。

举例：

当我的思维开始加速时，我会把我的想法写在床边的记事本上，这样我就不必在脑子里记下所有的事情了。

_____

_____

_____

### 调整并深入

有时，心理自我照顾意味着做一些与发呆相反的事情——调整并深入。让你的大脑参与到刺激、有趣的任务中，也是一种心理的自我照顾。阅读自助性书籍（比如本书）、学习一项新技能或发展现有的技能、写日记，以及以尊重彼此为前提的辩论，都可以深化你的思考。

**写作练习**

可以借助下列问题来探索如何参与、深化和拓展你的思维。

你感兴趣的活动、提示、练习或问题有哪些？你觉得有什么能激活你的精神？

_____

_____

_____

你觉得自己对于哪些领域有所了解？你想要了解一些更多的相关内容吗？

_____

_____

_____

你一直想得到答案的至少一个（愚蠢或严肃）问题是什么？寻找答案，并在下方的横线上简要地写出你的回答。

问题：

_____

_____

_____

答案：

_____

_____

至少说出一项你想学习、深化或拓展的技能。确定开始学习这项技能所需的资源。

举例：

我想学习弹吉他。本周我将在 YouTube 上找到一个视频并学习一个和弦。

_____

_____

_____

## 自我照顾不等于自私

　　情感虐待的幸存者们有时会担心，花时间来照顾自己的需求意味着他们太自私了。这种担心会导致你没有办法照顾你自己吗？如果是，请振作起来。自我照顾并不意味着你为了自己的利益而忽视或践踏了他人的需求。照顾好自己对于当下以及深情地投入到你的人际关系当中来说至关重要。

## 情绪的自我照顾

### 承认、验证，以及友善对待

如果你处于有煤气灯效应的关系中，那么你首先受到的一个影响就是被限制了情感表达的自由。煤气灯效应施虐者会质疑、批评和否定你的感受，让你失衡。当你不断地被告知自己的感受是错误的时候，你照顾自己情绪健康的能力就会受到打击。要想照顾你的情绪，就要故意忘记这一点，用内部验证来取代你被反复告知的内容。方法之一就是承认、证实，以及友善对待你的情绪。

 **写作练习**

**承认 1**：当你有情绪反应时，停下来，注意你的实际感受。在下方的横线上写下你的情绪。

举例：在和我的女朋友吵架后，我真的很不高兴、很生气、很难过，也很尴尬。

_____

_____

_____

**承认 2**：当你注意到自己没有感受的时候，可以探索一下发生了什么事。你不允许自己有什么感受？

举例：当我的女朋友斥责我的时候，我的脑子一片空白。与其受到伤害或生气，不如什么都感受不到。

_____

_____

_____

**验证**：验证你的情绪体验，无论这种体验是什么。

举例：我现在真的很生气，我的愤怒是合理的。

_____

_____

_____

**友善对待**：与你的感受做朋友。你的感受会告诉你，你是如何经历一段关系的。

举例：我感激我的愤怒，因为当有人越过我的边界时，它会告诉我。谢谢你，愤怒。

_____

_____

_____

### 治愈和宣泄

情绪的自我照顾的方法之二，是命名和拥有你的感受。这是一种强大的自爱行为，可以抵消煤气灯效应给你带来的自我擦除的信息。有时，我们会陷入困难的感受中，令痛苦延长、康复延后。无助、痛苦、怨恨和绝望的感觉会让你的生活变得非常艰难。这就是宣泄的意义所在。

注意，治愈和宣泄是一个过程。你可能需要重复练习几次才能感觉到宣泄。治愈和宣泄痛苦也是开始心理治疗的理想目标。不要害怕从这里开始这么做，你接下来还可以去找一名专业的治疗人员寻求帮助。

## 治愈与宣泄冥想

选择一个舒适的位置，坐着或躺着都可以。闭上眼睛，将注意力集中在你的内心。注意你的呼吸，花点时间简单地跟随你的呼吸进入或离开你的身体。留意你的呼吸是平稳的、开放的、自由的，还是受限制的、快速的、浅的。保持呼吸，直到感觉平稳、轻松为止。

把意识带到你的心里，邀请位于你生命中心的光充满你的心。感受你的心随着它能容纳的所有的爱、光和自我同情而扩张。

邀请你身上那些承受痛苦的部分走进围绕你心里的光亮之中。当每一个受伤的部分进入光亮时，都请欢迎它。用你的每一次呼吸和心跳，向你受伤的部分送去爱和光亮。只要它们愿意，就邀请它们在你的心灵空间休息。允许它们与你分享它们可能带来的任何故事、信念，或是创伤记忆。

在你感觉合适的时候，邀请你受伤的部分宣泄它们的羞耻、责备、悲伤或愤怒。如果它们愿意，就去感受它们的伤害；如果它们不愿意，那也没关系，它们不需要做任何事情，直到它们觉得准备好了为止。

如果受伤的部分确实想宣泄一些东西，那么这个部分可能会以任何令你感觉最好的方式让痛苦消失——燃烧或埋葬痛苦、将其撒向风中、将它射入太阳的心脏或是任何令你感觉最好的部分。在受伤的部分承受疼痛的地方，就是可以邀请你心灵的爱和光进入的地方。

当你的心痊愈之时，它对于爱、光和自我同情的容纳能力会得到提升。请你为自己的内心有无限的治愈能力而表示感谢。沉浸在感恩之心中完成这个冥想。

## 心灵的自我照顾

心灵的自我照顾需要倾向于你的精神需求。心灵上的自我照顾包括但不限于宗教活动或祷告，还包括冥想、深思，或是为自己制订计划。感恩、正念减压法以及肯定都是心灵的自我照顾的形式。

在这个练习中，你将专注于与能够抚慰你心灵的环境建立联结。找到一个能唤起平静、联结和正能量的地方。对于许多人来说，这个地方要有丰富的自然景观，比如公园、草地、森林或安静的海滩。你可以坐着、站着、躺着或行走。

### 联结并接收

首先要关注你的五种感官告诉你的关于环境的信息。注意风的声音、你踩在地上的脚步声、空气的温度和气味。喝一口水，然后把所有的注意力集中在嘴唇、舌头和喉咙等部位有液体滑过的感觉上。

当你行走时，感受你自己是大自然的一部分。通过双脚感受你与地球的联结，感受你的头掠过天空，感受你的身体在空中移动，建立你与世界的联结。

倾听你走过的声音——你穿过树叶、砾石或沙子上嘎吱作响的脚步声；你的手臂掠过灌木丛或摩擦身体两侧的声音；你的呼吸进入和离开你身体的声音。听一听你的存在是如何为这个世界增添属于你的生命的声音的。

找一个舒服的地方坐着或躺在地上。感受阳光照在你的身上。感受重力把你抱持在地球上，聆听昆虫在土壤中的细微运动，以及远处的鸟儿在风中飞翔的声音。听蜜蜂的嗡嗡声和松鼠的叽叽喳喳的声音。接收那些将你与有生命、有呼吸的生物群体联系在一起的能量。迎接你与大自然的联结。

### 刷下去

心灵上的自我照顾还包括宣泄和将自己从消耗或有损精神的能量中解放出来，我称这个练习为"刷下去"。在上一个练习中，你欢迎并对自然敞开心扉，感受到你与这个世界的联结。在这个练习中，你将摆脱那些与你的精神不相符的东西。

尽可能高一点地坐着或站着，保持头高背直。把消极的信念、消极的自我对话和消极的经历所带来的能量想象成黑色的卷须在触摸你的皮肤，再想象你的光芒从内心生长起来，穿透你的皮肤，打破与那些卷须的联系。当你的心灵之光从内部穿透的时候，深呼吸，松开卷须，让你自己充满爱和光明。

把你的右手放在左肩上，右手迅速而有力地在左臂上扫下去，刷去卷须，沿着手臂和指尖继续运动，就像是要刷掉消耗你精神的负能量。根据需要多次重复这个动作，直到你感觉左臂周围的负能量被清除。如果你觉得很难在身体上做出刷的这个动作，那么也可以在脑中想象着做这个动作。

重复刷的动作，这次是用左手刷你的右臂。然后再将双臂向下扫过大腿和小腿，顺着你的躯干，从头顶到脚。持续保持刷掉负能量的目的。

现在，慢慢地深呼吸，从你的鼻腔扩展到你的胸腔和腹部，直到它们被空气填满。用短促、剧烈、爆炸性的方式呼气，横膈膜用力地将空气从嘴里挤出。

用你的手来强调将空气从你身上推开的动作。呼气时腹部微微收缩。重复吸气和呼气，直到你感觉身体内部足够清醒和开放。如果你感到头晕，那么可以在吸气和呼气之间屏住呼吸几秒钟。在完成这项练习时，要坐得高一点，站得稳一点，保持常态呼吸，并想象自己被温馨填满。

## 关系的自我照顾

### 投入、滋养和深化滋养

关系的自我照顾是指你在人际关系中如何照顾自己。关系的自我照顾的一个重要方面是投入、滋养和深化滋养你的关系。想一想你生活中的那些让你感到被爱、被支持和被认可的人，你要如何与这些人增加联结？

 **写作练习**

请在下方的横线上至少写下三个支持你、爱你和认可你的人的名字。

_____

_____

_____

这些关系是如何滋养你的？

_____

_____

_____

你花了多少时间和滋养你的人在一起？你是如何处理这些滋养性的人际关系的？

_____

_____

_____

每天至少创造一个培养这些有爱的关系的机会。

_____

_____

_____

对于支持你、爱你和认可你的人，你会如何向他们表达你的感激之情？

_____

_____

_____

### 分离和脱离

有些关系并不能滋养你。关系的自我照顾还包括将你自己与那些消耗或伤害你的关系分离开来。所有的关系都会在某种程度上给你带来痛苦，因为从某种层面上来说，冲突、分歧、错误和伤害都是在所难免的。然而，有害的或虐待的关系会不成比例地向这些有害的经历倾斜。你如何才能避免与那些伤害你的关系接触呢？

**写作练习**

生活中的哪些关系给你带来的痛苦最为强烈？确定至少一个有害的、虐待的或过于负面的关系。

_____

_____

_____

这个关系是如何伤害你的？

_____

_____

_____

你花了多长时间和伤害你的人相处？你需要在多大程度上参与这些关系？

_____

_____

_____

确定你必须从有害的互动、关系或环境中分离或脱离的契机。你什么时候可以离开或拒绝邀请？

_____

_____

_____

> ### 自我照顾是治愈的必要条件
>
> 情感虐待带来的最具破坏性、最挥之不去的影响是它会使你与自我意识脱节。煤气灯效应使你与你生活中的锚定点——你自己——断开联结。自我照顾是你康复过程中的一个必要的步骤，它可以让你以一种爱、同情和有效的方式与自己重新联结。练习自我照顾就是向自己重申，你的需求是有价值的，你的愿望是可以被接受的，你是值得被爱和被关注的。

# 自我照顾的方式

## 内向 / 外向测试

内向和外向是指一个人对与他人的社交互动的反应方式。内向的人觉得社交很累，他们会通过独处来充电。当他们进行社交活动时，通常更喜欢以小团体或一对一的形式参与。外向的人通过与他人相处，发展社会化能让他们充满活力并给他们充电。他们经常享受在活动中，与很多人交谈和互动。

根据你是更内向还是更外向的程度不同，你的自我照顾的需求也可能不同。内向的人倾向于优先考虑不需要和他人在一起的自我照顾，而外向的人在这样的情况下则不是那么精神抖擞。你可以借助以下测试来检测你属于哪类人，并针对性地实施自我照顾。对于每个陈述，如果该陈述适用你，请在"是"上画圈；反之，则在"否"上画圈。

1. 我经常被认为是社交型和外向的。

　　是　　　　否

2. 我经常被认为是矜持和内省的。

　　是　　　　否

3. 我更喜欢和一群人在一起工作。

　　是　　　　否

4. 我更喜欢一次和一两个人在一起。团体让我感到不舒服。

　　是　　　　否

5. 我不喜欢独处。

　　是　　　　否

6. 我珍惜独处的时间，喜欢与自己相伴。

　　是　　　　否

7. 我有一大群朋友和熟人。

　　是　　　　否

8. 我对有一些人非常了解。

　　是　　　　否

9. 我可以迅速投入到一项新的活动或兴趣中，有时候会以牺牲全程思考为代价。

　　是　　　　否

10. 有时候我会对新的机会考虑再三，可能会导致行动太慢。

　　是　　　　否

11. 有时我在开始一个新的项目之前，会忘记停下来思考我想要
什么，以及我正在努力实现什么。

   是　　　　否

12. 有时我会忘记审视自己的想法和内心的经历是否符合外部
世界。

   是　　　　否

如果你在四个或更多的奇数序号的问题上回答"是"，那么你的
外向性得分更高，说明你更重视与人相处的自我照顾的活动。如果
你在四个或更多的偶数序号的问题上回答"是"，那么你在内向方面
得分更高，你的自我照顾会更加倾向于与自己或少数的亲密朋友相
处的时间。如果你的答案是两边几乎相等，那么你可能是一个具有
中间性格的人。这意味着你从适合内向者或外向者的活动中获得了
同等或几乎同等的满足感，你可以从两方面来安排自我照顾的日常。

## 全神贯注

从某种程度上说，你已经开始一些日常的自我照顾了。你衣食
无忧，睡眠良好，与朋友和爱人共度时光，享受你最喜欢的爱好和
兴趣。当自我照顾成为日常的时候，我们有时会忽视它对我们情绪
的影响。这项练习将帮助你重新集中精力进行日常的自我照顾。

选择一项日常的自我照顾的活动，比如吃饭、洗澡或穿上睡衣。
把你的全部注意力集中在你正在做的事情上。在进行活动的时候使
用尽可能多的感官，尽可能地观察活动中的每一个细节。留心你在
做这项活动前后的情绪变化，你发现了什么？

**写作练习**

自我照顾活动：

_____

_____

_____

开始前的情绪：

_____

_____

_____

运用所有的感官进行观察：

_____

_____

_____

你观察到的细节：

_____

_____

_____

完成后的心情：

_____

_____

_____

## 从平凡中提升

选择一项日常的自我照顾活动把它变得与众不同。比如，如果通常你洗澡只洗 5 分钟而没有其他多余的内容，那么试着多让自己站在热水下冲 10 分钟，好好放松一下。又如，如果你通常是在发送工作电子邮件的时候匆匆忙忙地吃午饭，那么可以试试关掉手机或笔记本电脑，在一个安静愉快的地方吃午饭。再如，如果你通常把之前剩下的饭菜装进盘子里然后声称吃得已经足够好了，那么试着花点时间准备一顿丰盛可口的饭菜，然后品尝这些饭菜的味道。注意那些你经常下意识做的事情，能让你日常的自我照顾变得有一些与众不同。

### 自我照顾活动的 10 条建议

现在轮到你来创建一个支持你进行自我照顾的环境了。试着每天关注这五个领域——躯体、心理、情绪、心灵、关系。

如果你仍然不确定自我照顾是什么样子的，那么不妨参考以下的 10 条建议。

- **依偎着一只宠物**。宠物对你的心理、情绪和身体健康都有好处！
- **打电话给朋友或是与朋友见面**。花时间和爱你、支持你的人在一起。
- **完成一项你一直拖延的小家务**。通过从待办事项列表中删除一些内容来缓解压力并获得满足感。
- **去外面晒太阳**。阳光对精神状况有益——大多数人都可以稍微多补充一些维生素 D。

- **做你最喜欢的休闲活动**。比如，拼图游戏、艺术活动、玩乐器或听音乐。玩乐是一种自我照顾的行为。
- **尝试新的活动或课程**。你可能会因此发现一个新的爱好！
- **舞蹈**。你并不需要通过接受专门的训练来扭动身体。播放你最喜欢的歌曲，然后随之摇摆！
- **读书取乐**。一本好书可以带你去任何你想去的地方。
- **重新装修或重新布置你生活空间的一角**。让你的空间成为天堂。
- **去冒险**。徒步旅行、划皮划艇、探索一座新的城市，或者只是因为想去某个地方而自驾游。

## 回 顾 与 总 结

回顾本章中的练习。

哪些内容最能引起你的共鸣？

_____

_____

_____

_____

_____

哪些内容无法引起你的共鸣？

_____

_____

_____

_____

_____

你现在感觉如何？在你开始读本章起，你的感受发生了什么样的变化？

_____

_____

_____

_____

你从这些练习中学到了什么？

_____

_____

_____

_____

# 第 7 章

# 建立健康的关系

在之前的 6 章中，你认真检视了你的不健康关系看起来像什么。现在，你可以在所学知识的基础上创建更健康的未来。本章的实用练习和写作练习，旨在帮助你更清晰地了解你想要建立的健康关系。了解发生在你身上的事情以及它是如何发生的，是从创伤和虐待中康复的重要的第一步。不过，这种康复并不止于了解过去的经历，当你能够利用你对自己和人际关系的了解来创造一个更健康的未来的时候，康复就发生了。

让我们开始吧！

## 有害的关系的特征 vs 健康的关系的特征

有的时候，最有趣的艺术品会把我们的注意力引向意想不到的地方，我们会发现我们的目光被吸引到了作品中的一个完全不同的区域。让我们的视线从直接或明显的焦点区域上拉开，可以让我们看到更完整、更详细、更细致的图像。

当我们开始探索我们希望改变的关系时，我们可以非常专注那些导致我们首先开始审视这段关系中的不健康的情景。识别不健康的情景是一项重要的技能，如果我们不去识别我们的不良关系，就会错过大局的另一个关键因素——健康的关系。与艺术一样，我们通过学会看到第一眼没有立即聚焦的东西来获得更完整的画面。

通过这个练习，你可以识别与你熟悉的有害的或不健康的特征相反的特征。也就是说，先将你的注意力放在有害的或不健康的方面，然后根据它来确定其相反的方面——积极的、健康的方面。

表7-1列出了10种有害的关系的特征，请你在表格中为每一种相应地填出至少一种健康的关系的特征。

举例：

有害的关系的特征：残忍的诚实

健康的关系的特征：诚实与善良

表7-1　　　有害的关系的特征 VS 健康的关系的特征

| 有害的关系的特征 | 健康的关系的特征 |
| --- | --- |
| 煤气灯效应 | |
| 嫉妒 | |
| 不诚实 | |
| 缺乏共情 | |
| 相互依赖 | |
| 权力分配不均 | |
| 操纵／胁迫 | |
| 暴力 | |
| 服从的压力 | |
| 拒绝妥协 | |

## 健康人际关系的品质

正如某些特征、行为、态度和期望可以建立一种有害的或虐待的关系一样，还有一些特征、行为、态度和期望可以建立健康的关系。以下七个核心品质为这种健康的关系提供了架构，让我们来看看。

- **相互尊重**。在一段健康的关系中，双方会对对方有基本的尊重。也就是说，当你尊重对方的时候，你就会对他好。
- **信任**。当每个人都能够信任对方时，人际关系就会向良性发展。信任是靠争取得来的，如果一旦信任破裂，就要弥合裂痕，新的关系才能重新发展起来。
- **同情**。同情是对他人痛苦的承认和关心。同情不是意味着你需要为别人解决问题，而是说你会关心他们的痛苦。
- **自信的沟通**。在一段健康的关系中，双方公开、清晰地交流自己的想法，尊重和关心对方的想法和感受。
- **妥协**。在健康的关系中，双方都愿意积极解决冲突，共同寻找一个彼此满意的折中方案。
- **诚实和真实**。彼此之间富有同情心的真诚让两个人都能在关系中开放且坦诚相待。真实性是促进信任和尊重的核心品质。
- **健康边界**。与好莱坞式的"你让我的人生变得完整"相反，最好最牢固的关系是欣然接受个性和健康的关系。

## 实用练习

### 健康关系测验

你的人际关系的健康程度如何？表 7–2 能帮助你评估你的友谊、

家庭关系或职业关系。请仔细阅读每一个问题，并根据在这段关系中的人的情况，在最能准确描述你的人际关系情况的框内打"√"，然后根据后面的评分方法计算分数。

表 7–2 健康关系测试

| 序号 | 描述 | 始终 | 经常 | 有时 | 很少 | 从不 |
|---|---|---|---|---|---|---|
| 1 | 支持我的目标和利益 | | | | | |
| 2 | 鼓励我尝试新事物 | | | | | |
| 3 | 倾听我的担忧 | | | | | |
| 4 | 尊重我的边界 | | | | | |
| 5 | 在我们的关系之外支持我有自己的生活 | | | | | |
| 6 | 关心我的感受 | | | | | |
| 7 | 能接受我说"不" | | | | | |
| 8 | 对我很好 | | | | | |
| 9 | 说我太敏感了 | | | | | |
| 10 | 认为我需要学会更好地接受批评 | | | | | |
| 11 | 不承认错误或做错的事 | | | | | |
| 12 | 不喜欢我花时间与他人相处 | | | | | |
| 13 | 让我觉得自己很愚蠢、没有吸引力、不讨人喜欢，或是不值得 | | | | | |
| 14 | 当我试图说"不"的时候会让我感到疲惫不堪或内疚 | | | | | |
| 15 | 刻薄、无礼或对我不友善 | | | | | |
| 16 | 让我质疑我的理智、体验和 / 或判断 | | | | | |

请根据你的答案来为自己计算总分。注意，1~8 题的评分标准与 9~16 题的评分标准不一致。

**1~8 题**：始终 =4 分，经常 =3 分，有时 =2 分，很少 =2 分，从不 =0 分。

**9~16 题**：始终 =0 分，经常 =1 分，有时 =2 分，很少 =3 分，从不 =4 分。

**43~64 分**：你们的关系很健康！积极的互动、特征和行为在这段关系中占主导，而伤害或有害的做法则相对较少。

**22~43 分**：你们的关系是公平的。这段关系中包括一些深思熟虑和尊重行为，以及一些值得关注的领域。如果你能为自己的需求辩护，如果对方愿意投入一些努力，就还有可以改善的空间。

**0~21 分**：你们的关系出现了几个危险信号。这段关系中的人没有对你表现出关心和支持性行为，并且可能以有害或虐待的方式行事。虽然可能有一些改善的机会，但是这种关系目前来看是不健康的。

## 真实生活中的人际关系

 **写作练习**

想一想你生命中最不健康或最有害的关系（无论是过去的还是现在的）。在下方的横线上写下是什么让这种关系变得不健康的。你意识到了哪些有害的特征、行为和模式？

_____

_____

_____

想一想你目睹或经历过的最健康的关系。在下方的横线上写下
是什么让这段关系变得健康的。你看到了什么特征、行为和模式？
是什么使这种关系与不健康的关系有所不同？

_____

_____

_____

## 关系角色模型

 **写作练习**
_____

想一想那些你生活中的令你羡慕的人际关系。这些关系可以是
家庭关系（例如兄弟姐妹之间或亲子之间的关系）、柏拉图式的关
系、浪漫关系，或是职场关系。你对这些关系的羡慕之处是什么？
你希望使用哪些方面作为你自己的关系角色模型？

_____

_____

_____

## 让身体告诉你答案

对于许多经历过情感虐待关系的幸存者来说，建立新的、更健康的关系的挑战之一，是学习获得再次相信它们的直觉。煤气灯效应可以非常高效地教会受害者质疑、驳回或是降低他们对有害行为的反应，他们可能会觉得自己根本无法识别一段健康的关系。当头脑混乱的时候，身体有时可以给你带来清晰的思路。在这个练习中，你将探索你的身体是如何让你知道一段关系是否健康。

回想一段你认为有害的关系。在你的脑海中浮现出对方的样貌或是你与对方的消极互动。不要去回忆你最糟糕的记忆，而是去回忆一段令你感到不安但并非难以抵抗的记忆。在这些记忆变得清晰、稳定之后，回答以下问题。

 **写作练习**

当你想到这个人或你与他的互动时，你会体验到什么情绪？

_____

_____

_____

当你想到这个人或你与他的互动时，你的身体有什么感觉？注意你的呼吸（是快而浅还是慢而深）、肌肉紧张（是咬紧牙关还是攥紧拳头）、疼痛或僵硬（比如突然头痛），或其他感觉（比如忐忑不安）。

_____

_____

当你想到这个人时，你会本能地采取什么样的处理方式？比如，你是想蜷缩成一团、躲在桌子下面，还是举起拳头？

_____

_____

选择你要关注的身体的感觉，比如姿势、肌肉紧张、疼痛或呼吸。如果你愿意，你可以闭上眼睛。留心这种感觉，并注意当你专注于自己的身体时会产生什么情绪。有什么感觉与你的身体反应有关？

_____

_____

想一想你生命中最健康的关系。在你的脑海中牢牢记住对方的形象，并回忆你是何时感到被爱、被支持、被认可或被关心的。这段记忆让你产生了什么情绪？

_____

_____

当你想到这个人和你与他的互动时，你的身体有什么感觉？留意你的呼吸，以及你的肌肉是紧张还是放松、是疼痛还是僵硬，还有其他身体的感觉。

_____

_____

_____

当你想到这个人的时候，你会本能地采取什么样的处理方式？

_____

_____

选择你要关注的身体的感觉，比如姿势、肌肉紧张、疼痛或呼吸。如果你愿意，那么你可以闭上眼睛。留心这种感觉，并注意当你专注于自己的身体时会产生什么情绪。有什么感觉与你的身体反应有关？

_____

_____

你注意到你的身体对有害的关系和健康的关系的反应有什么不同？你如何利用身体的信息来评估一段关系是否健康？

_____

_____

_____

## 重置不切实际的期望

有的时候，一个经历过多重不良关系的人很难知道如何有效地处理关系问题。当他们与有害关系中的朋友、家人和其他关系对象在一起的时候，他们可能会为过分的虐待行为开脱，说希望有一天这种行为会停止；他们还可能会抱有一种可以理解但最终不切实际的期望，即健康的关系就意味着没有人会受伤。

然而，事实却是，每个人都是有缺陷的、不完美的。之所以会出现失误，是因为我们可能对某些人的期望过高，而对其他人的期望过低。这个练习可以帮助你探索一些常见的不切实际的期望是如何导致感情中的伤害和失望的。

**不切实际的期望** 1：我的伴侣会让我成为一个完整的人。

**现实重置** 1：我靠自己就能成为一个完整的人。我和我的伴侣是相辅相成的，但我们都不需要对方必须成为完整的人。

 写作练习

这种不切实际的期望是通过什么方式在你的身上展现出来的？请写在下方的横线上。

_____

_____

_____

**不切实际的期望** 2：设定正确的边界会让在这段关系中的人不再对我那么差。

**现实重置** 2：边界定义了我的行动、选择和容忍度。我无法改变别人，只能改变自己。

**写作练习**

这种不切实际的期望是通过什么方式在你的身上展现出来的？请写在下方的横线上。

_____

_____

_____

**不切实际的期望 3：**如果我所爱的人对我感到失望，我就会觉得自己亏欠他，我应该让他感觉更好。

**现实重置 3：**我要对自己的感受和行为负责，我所爱的人也要对他自己的感受和行为负责。我可以对我所爱的人的感受感到同情，但没有责任去承担他的这些感受。

 **写作练习**

这种不切实际的期望是通过什么方式在你的身上展现出来的？请写在下方的横线上。

_____

_____

_____

**不切实际的期望 4：**爱意味着永远不用说"对不起"。

**现实重置 4：**如果我真的伤害或误解了某人，那么即使是无意的，我也会足够在意，主动承担责任并努力纠正。

**写作练习**

这种不切实际的期望是通过什么方式在你的身上展现出来的？
请写在下方的横线上。

_____

_____

_____

**不切实际的期望** 5：一段真正健康的关系永远都不会给我带来
痛苦。

**现实重置** 5：我们都是人，都会犯错误。我不期望完美，我知道
我也会犯错误。

 **写作练习**

这种不切实际的期望是通过什么方式在你的身上展现出来的？
请写在下方的横线上。

_____

_____

_____

### 流行文化中的健康关系的典范

电影、电视和流行文化中描绘的许多关系都不够健康，但

有些可以作为健康关系的典范。以下列出了一些积极的例子：

- 《公园与游憩》（*Parks and Recreation*）中的本·怀亚特和莱斯利·诺普（约会和婚姻）；
- 《萤火虫与宁静》（*Firefly and Serenity*）中的里弗和西蒙·塔姆（手足情）；
- 《摩登家庭》（*Modern Family*）中的卡梅隆和米切尔（婚姻）；
- 《国务卿夫人》（*Secretary*）中的伊丽莎白和亨利·麦考德（婚姻）；
- 《老爸老妈的浪漫史》（*How I Met Your Mother*）中的特德和马歇尔（友情）；
- 《哈利·波特》（Harry Potter）系列中的哈利和赫敏（友情）；
- 《指环王》（*Lord of the Rings*）中的霍比特人（友情）；
- 《朱诺》（*Juno*）中的朱诺和马克（亲子）；
- 《喜新不厌旧》（*Black-ish*）中的约翰逊家族（家庭）；
- 《我们这一天》（*This Is Us*）中的皮尔森一家（家庭）。

 **写作练习**

你还能想到其他什么例子？把它们写在下方的横线上。

_____

_____

_____

## 健康关系的好处

建立健康的人际关系对你有什么帮助？以下列出了一些健康、积极的人际关系能给人们带来的好处。在下方的横线上写下你认为的其他好处。

- 健康的人际关系可以促进身体健康；
- 健康的人际关系可以改善心理健康；
- 健康的人际关系可以提升信心、安全感和自尊；
- 健康的人际关系能使关系中的人避免在不可挽回地断开联结的情况下体验和解决冲突；
- 健康的人际关系能为关系中的成员提供支持，以渡过重要的人生转变（比如出生、死亡、婚姻、离婚和工作变动）；
- 父母之间的健康关系会对子女有利。

 **写作练习**

在你看来，健康人际关系还有什么其他的好处？

_____

_____

_____

## 健康的人际关系行为

健康的人际关系是通过健康的心态、意图和行动建立起来的。

如果不以促进健康的方式行事，就不可能建立一种健康的关系。以下列出了一些健康的人际关系行为，你将如何在人际关系中展现它们？

**对自己的想法、感受和行为负责**

✏️ **写作练习**

你可以通过什么方式来展现这种责任？

_____

_____

_____

**自信地沟通**

✏️ **写作练习**

你可以通过什么方式来展现这种自信？

_____

_____

_____

### 参与并与同行和同事合作

 写作练习

你可以通过什么方式来展现这种参与和合作？

_____

_____

_____

### 尊重他人的边界

 写作练习

你可以通过什么方式来展现这种尊重？

_____

_____

_____

### 怀抱实际的期望

 写作练习

你可以通过什么方式来展现这种实际的期望？

_____

_____

_____

## 始终如一、可靠

🖊 写作练习

你可以通过什么方式来展现这种一致性和可靠性？

_____

_____

_____

## 支持所爱的人

🖊 写作练习

你可以通过什么方式来展现这种支持？

_____

_____

_____

表示感谢

 **写作练习**

你可以通过什么方式来展现这种感激之情？

_____

_____

_____


## 滋养你所拥有的

为了发展更健康、更牢固的人际关系，重视和培养你已经拥有的人际关系至关重要。当你努力从一段有害的关系中恢复过来时，一段牢固的友谊、家庭关系、工作关系或亲密关系可能会成为一种宝贵的支持。不要把生活中爱你、支持你的人视为理所当然的存在。有哪些方法可以滋养你积极的人际关系？

### 共度时光

没有什么比与关心你的人共度时光更美好的事情了。不要让自己因为"太忙"而没有时间和所爱的人在一起，如果两个人无法身在一处，就留出时间打电话或打视频电话。如果你为此拖延时间就要提高警惕了，尽管你知道对方会一直在你身边。当你投入时间和精力去经营这段关系时，它就会蓬勃发展。

 写作练习

本周至少确定一个契机，让自己在一段积极的关系中度过一段时间。

_____

_____

_____


### 表达感激之情

一段真正具有爱和支持的关系比黄金更可贵，但有时我们会忘记对那些一直陪伴在我们身边的人表示感谢和感激。不要以为你所爱的人就应该知道你的感受，你一定要告诉他们！

 写作练习

在一段积极的关系中，至少确定一件你可以表达感激之情的事。

_____

_____

_____


### 提供你的支持

你可能会觉得自己总是在寻求支持，但从来没有足够的力量去给予。健康的关系是建立在给予和索取的基础上的，尽管给予和索

取看起来并不相同。也许一个人在爱人哭泣时可以提供可靠的肩膀来表示支持，而另一个人则通过为悲伤的爱人做饭来表示支持。你如何才能支持你所爱的人？

 **写作练习**

确定至少一种可以在恋爱关系中提供支持的方式。

_____

_____

_____

### 优先考虑健康的人际关系

　　把大部分的时间和精力集中在你想要改善或避免的关系上可能是充满诱惑的。投入时间和精力、更自信地沟通、更好地照顾自己、通过设定边界来改善关系是有价值的。但更重要的是，为确保健康人际关系的蓬勃发展注入能量。在建立关系的过程中处于次要地位的人有被弱化的风险，你如何才能优先考虑那些为你提供支持的关系？

 **写作练习**

本周至少确定一个契机，优先考虑一段健康的关系。

_____

_____

## 识别模式

很多时候，你在当下经历的重复的伤害性关系都源于过去的伤害性经历。在本书中，你已经确定并探索了导致你现在正在努力治愈的不健康关系的信念和关系模型。接下来你将把这些片段放在一起，用来定义那种一次又一次让你回到不健康关系的循环。

### 最开始的关系蓝图

回想一下你在第 3 章和第 5 章中完成的成长史关系线练习。利用你对家庭关系的了解，概述一下你所学到的关于关系看起来是什么样子的以及感觉和运作方面的知识。它们构成了你开始建立关系蓝图的基础。

举例：我的关系蓝图是看着我的父母不断地争吵。他们打对方腰部以下的位置，谁能让对方伤得更重，谁就是赢家。这让我明白，在人际关系中表现得很残忍是正常的。

 **写作练习**

你的关系蓝图是什么样的？

_____

_____

_____

### 让你脆弱的自我信念

复习第 2~5 章中的所有练习，探索你对自己的哪些信念令你很容易受到煤气灯效应的伤害。检视你对自己持有（或以前持有）的信念，这些信念导致你在有害的关系中成为受害者。

 **写作练习**

你对自己持有（或以前持有）的信念是什么？

_____

_____

_____

### 让你陷入困境的自我概念

在第 3~5 章中，我们探讨了你的自我认知是如何让你陷入负面关系的。在第 6 章中，你会发现影响自我照顾的障碍，这些障碍可能会导致发展的停滞。总结一下你的自我概念是如何让你陷入不良关系的。

 **写作练习**

你有什么样的自我概念？

_____

_____

**你所忍受的虐待**

有害的关系之所以持续，是因为一方愿意或习惯于忽视、原谅或容忍虐待行为。在第 1~2 章，我们了解了什么是煤气灯效应，是什么引发了煤气灯效应，以及是什么使煤气灯效应的受害者受到虐待的。总结你在不良关系中学到的关于虐待的知识。

 **写作练习**

你忍受了什么虐待？

_____

_____

_____

## 打破循环

现在你已经清楚地了解了不健康关系的负面模式和循环，是时候打破这种循环了。对于有害关系的每一个部分，确定一个打破循环的契机。

举例：我的关系蓝图是建立在看着父母打架并对彼此残忍的基础上的。我可以通过选择公平竞争或放弃一段残忍是常态的关系来改变蓝图。

**更改蓝图。**

写作练习

你可以通过什么方式更改蓝图？

_____

_____

_____

**检查让你变得脆弱的自我信念。**

 写作练习

你可以通过什么方式检查让你变得脆弱的自我信念？

_____

_____

_____

**挑战让你陷入困境的自我概念。**

 写作练习

你可以挑战的一个自我概念是什么？

_____

_____

_____

选择不接受虐待。

 **写作练习**

你可以通过什么方式选择不接受持续虐待？

_____

_____

_____

## 不要上当受骗

　　煤气灯效应通过让受害者无法相信自己的感官带来的证据，从而使受害者陷入困境。施虐者通过否定受害者受到了恶劣对待的感觉来控制受害者，将其困在一个有害的循环中。一旦受害者获得了足够的自信，能够保持坚定并大声说出自己被施加的有害行为，施虐者就可能会改变策略并承诺改变自己的行为。不幸的是，在虐待关系中，这种承诺并不是出于自我完善的诚实意图；相反，这些空话只是为了在受害者可能打破这种循环时，将其重新吸引回到关系中。

　　在海洋的最深处，有一种叫作鮟鱇鱼的生物，它们通过将一盏发光的小灯在牙齿前晃来晃去，把猎物引诱到嘴里。就像一条鮟鱇鱼用一个黑暗中的亮光的虚假承诺把受害者吸引进来那样，煤气灯效应施虐者会用改变的承诺将受害者引诱回来。

**写作练习**

在你的生活中，你是如何被引诱回到虐待关系中的？

_____

_____

_____

你如何才能让自己免受虚假承诺的诱惑？为了抵抗光的诱惑，你需要告诉自己什么？

_____

_____

_____

## 有害的行为可能是无意的

如果我告诉你，有害的行为可以在没有虐待意图的情况下发生呢？也就是说，并不是所有的消极关系行为都一定是虐待。即使是善良、有爱、富有同情心的人也会做出不健康的行为，他们甚至可能会意识不到自己在做什么。

在无意造成伤害的关系中，对方有合理的机会表现出学习更健康行为的意愿和动机。他会尊重你的边界，并为自己的行为承担责任。在虐待关系中，对方则不会尊重你的边界，而且还会责怪你。我们都是环境的产物，也是我们内在性格的产物。虽然许多人都会为了自己的利益而试图控制他人，但许多人做出不健康的行为仅仅是因为他们不知道还有其他的行为方

式。有时候，我们学习健康关系行为的唯一途径就是承受我们
不健康行为的后果。

想想你生活中那些不健康的人际关系的模式和行为。你能
识别出任何可能是有害的却不是故意的虐待的模式和行为吗？

## 检查自己是否有"跳蚤"

有句老话是这样说的："和狗躺在一起，你就会有跳蚤。"
虽然这句话可能不是最动听的箴言，它却实实在在地说出了一
个真理的核心。随着时间的推移，处于不良关系中的人可能会
发现自己也在做出不良行为。受害者可能会觉得这是获得权利
或是避免再次成为受害者的唯一途径，即将有害的行为施加他
人。小心一点，要留心自己行为中潜在的"跳蚤"。

## 道歉的艺术

如果让你在没有做错任何事的情况下被迫道歉，那么我完全能
理解你可能会不愿意去完成道歉练习。但无论如何，我都鼓励你去
做。正如我们之前所讨论的，处于健康关系中的任何一个人都无法
完全避免犯错，也无法避免对他们的伴侣造成伤害。知道何时以及
如何真诚地道歉，是创造和滋养健康人际关系的关键。

有效的道歉具有什么特征呢？

- **时机**。及时在适当的时候道歉。理想情况下，你要立即道歉；如果你过后才发现你伤害了别人，那么也要在发现后的第一时间立刻道歉。

- **真诚**。"对不起 / 不感到抱歉"不是一种道歉；"对不起，但是……"也不是一种道歉。道歉只有发生在你能够进行真诚而诚恳的道歉时才有效，而不是试图为你的行为解释或辩解。

- **需要在真正的不当行为或伤害的情况下**。当你并没有做错任何事时，道歉是没有必要的。煤气灯效应施虐者会试图让你为不属于你责任的事情而道歉。不要上当！

- **专注于自己的行为**。如果你犯了一些错误或做了伤害他人的事情，就把道歉的重点放在你所做的事情上。即使是因为对方做了一些事情促成了你的行为，你的道歉也应该集中在自己的选择上。

- **承诺做得更好**。一个好的道歉是指意识到自己做错了什么，并承诺避免再次以这种方式伤害他人。道歉应该表明，随着你们关系的发展，你打算变得更加健康、有爱和富有同情心。

## 你生命中最重要的关系

 **写作练习**

你现在或将来最重要的关系是什么？

_____

_____

描述一下你和自己的关系。

---

---

---

本书的大部分内容都集中在帮助你重建与自己的关系上。煤气灯效应会使你与自我意识分离，并导致你不信任自己。为了建立更健康的人际关系，你必须先要重新建立与自己的联结。

复习第 6 章中的自我照顾。正如你需要投入精力滋养健康的人际关系使之茁壮成长一样，你也需要投入精力恢复你与自己的关系。给自己写一封承诺书，表达你重新发现、滋养和深化你与自己关系的意图。你应该得到来自你自己的爱、关怀、同情和承诺。

### ✎ 写作练习

你的承诺书：

---

---

---

---

---

## 健康关系的确认

创造至少三个"魔咒"，让健康的人际关系丰富到你的生活中。记住要满怀信心地说，你会得到你所寻求的。

举例：

我很感激你们对我情感上的爱和支持。

我很感激我周围的人，他们关心我、让我成长。

我欢迎我的人际关系健康成长。

 写作练习

轮到你了！

_____

_____

_____

_____

_____

_____

_____

_____

## 回 顾 与 总 结

回顾本章中的练习。

哪些内容最能引起你的共鸣?

_____

_____

_____

_____

哪些内容无法引起你的共鸣?

_____

_____

_____

_____

你现在感觉如何? 在你开始读本章起, 你的感受发生了什么样
的变化?

_____

_____

_____

_____

你从这些练习中学到了什么？

_____

_____

_____

_____

_____

# 后 记

恭喜你读完了《煤气灯效应：摆脱精神控制（疗愈版）》这本书！借助书中提供的这些练习，你已经迈出了更健康生活的第一步。对于你来说，可能会有某些章节和练习比其他人读和做起来更困难，你应该为自己的经历感到骄傲。如果有任何你觉得难以完成的练习或章节，那么我鼓励你在专业治疗师的支持下再试一次。记住：**寻求帮助不是失败的标志，这仅仅意味着承认你需要一些额外的支持而已。**

我希望我能说，只要完成这本书的练习就意味着你的所有关系从此都将保持健康、充实和满足的状态。不过很遗憾的是，我不能做出那样的承诺。但我可以这样说——**通过这些练习，你开创了成长、改变和治愈，以及开启全新生活的可能性。**由于你的努力治愈和康复，你将与不同的人建立新的关系，并能感受到自己的意义和价值。你将更愿意期待公平的待遇，而不太可能成为施虐者的牺牲品。如果你真的发现自己处于一种有害关系中，你就会得到更好的武器以帮助自己脱离并中断循环。你将能够更好地练习自我照顾、自我同情，以及自我关怀。

亲爱的读者，我为你努力让自己获得治愈和康复而感到骄傲。

你很坚强，勇敢、有韧性。你应该并且有能力建立有爱、强韧和健康的关系。祝你好运，因为你已经开启了能够感受到更强韧、更自信，以及成为更加完整的你自己的人生新篇章。

我衷心地祝你充满快乐、希望和自愈力。

# 译者后记

　　这是一本集实用性与专业性于一体的操作性很强的书。作者用平实的语言、生动的案例，帮助读者认识煤气灯效应，了解从煤气灯效应中康复的方法，最后建立和维持健康的关系。书中提供了大量的练习，引导读者结合实际情况进行反思，从而帮助读者一步一步地认识自己、提升自己，最终拥有良好、健康的人际关系。

　　无论你是正在经历煤气灯效应，还是处于煤气灯效应的康复期，抑或你还完全不了解煤气灯效应，都可以读一读这本书。正如同作者所言，即使是在一段健康的关系中也同样容易存在伤害，这个世界上没有完美的人。我们往往很容易对自己或他人抱有或高或低的期望，而这些往往就是在不经意间造成伤害的原因。我们也往往容易因为曾经是煤气灯效应的受害者，便在无意中成为煤气灯效应的施虐者。因此，我相信所有读完这本书的人都一定会有所收获——也许有人宛获新生，也许有人醍醐灌顶，也许还有人会因此获得更多的反思。衷心地祝愿每一位读者拥有健康、有韧性、有生命力的关系，获得幸福快乐的人生体验。

The Gaslighting Recovery Workbook：Healing From Emotional Abuse

By Amy Marlow-MaCoy

ISBN：978-1-64611-269-2

Copyright © 2020 by Rockridge Press,Emeryville, California

First Published in English by Rockridge Press, an imprint of Callisto Media, Inc.

Simplified Chinese translation copyright © 2024 by China Renmin University Press Co., Ltd.

All Rights Reserved.